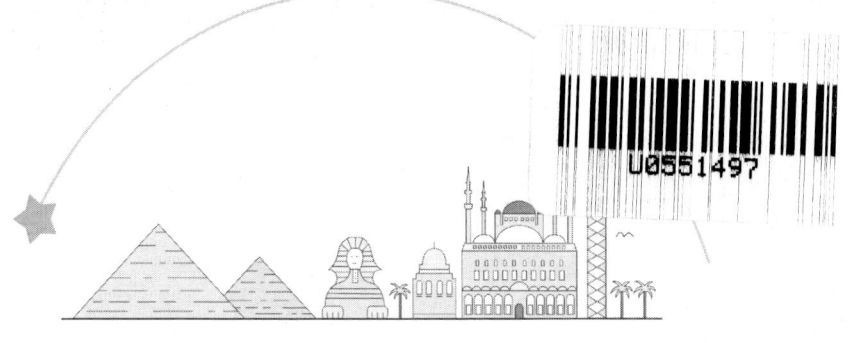

主題酒店創意與管理（第二版）

肖曉 編著

崧燁文化

《主題酒店創意與管理（第二版）》序

肖曉教授的《主題酒店創意與管理》又出新版了！一本書能夠修訂再版，說明這本書是有市場的，有價值的，更是有讀者的。作為一直參與、從事、研究主題酒店發展的探索者，作為這本書的忠實讀者，我認為肖曉的這本書是值得一讀的。

近十多年來，中國主題酒店經營模式由粗淺意識到逐漸清晰，由探索式實踐到理性化建設，「主題酒店」的概念也逐漸得到了全行業的認同。中國酒店業呈現出以星級酒店、經濟型酒店、主題酒店為主要業態的格局，其中，主題酒店的文化探索更為引人注目。主題酒店作為一種新的酒店樣式，上下逢源，上可以追星逐月，升星升級；下可以成為低星級酒店轉型升級的榜樣，促進酒店質量與效益提升，成為城市文化的標誌，成為酒店特色文化的載體和引領者。

伴隨著中國主題酒店研究與實踐的發展，一批專家學者根據行業發展的需要和主題酒店建設中遇到的難點問題，展開了卓有成效的理論研究工作，從不同角度主題酒店的定義、內在規律、創建的原則與方法等問題進行了初步的研究，形成了一批早期的學術成果。

同時，隨著研究、學習者的增加和理論的昇華，主題酒店的建設力量不斷增長，理論水準也在不斷提升。越來越多的人開始關注主題酒店，關注這個從實踐到理論、從理論到實踐的科學的發展進程，專業與業餘、個體與群體的研究陣容不斷擴大。不僅如此，主題酒店的出現也為一大批原本踟躕於標準化、同質化傾向中的研究者和專家學者，找到了新思想、新課題和新出路。

成都理工大學肖曉教授就是長期關注主題酒店的學者之一。2010年11月肖曉教授出版了《主題酒店創意與管理》，成為高等職業教育旅遊管理、酒店管理、餐飲管理等專業學生的選修課課程讀本。

2012年，因為我要在大學裡講授「主題旅遊酒店研究」這門課程，從教學研究的角度，我更加關注《主題酒店創意與管理》這本書。本書無論是在探索中國主題酒店如何理性、健康、可持續發展，還是在主題酒店的國內外發展歷史、現狀，以及總結、反應主題酒店在中國的發展脈絡，見證和記錄中國主題酒店的發展等方面都做了有益的探索。本書較為系統地介紹了主題酒店的基礎理論知識及文化特徵，並從國內外主題酒店發展趨勢的專業知識結構上著眼，注重理論與實際相結合，側重於研判，為研究、學習、創建主題酒店提供了教學與培訓範本。

2015年4月，肖曉教授參加了在成都舉行的「海峽兩岸主題酒店聯盟高峰發展論壇」後，有了推出新版《主題酒店創意與管理》的緊迫感。在推出的新版本中，肖曉教授充實了一些新的案例和研究理論，為學習和研究主題酒店帶來了新的內容。祝肖曉教授的新作伴隨著新一輪的中國主題酒店的創建大潮，贏得更多、更加廣泛讀者的喜歡。

黃河生

一溪水的恬靜與柔美——
《主題酒店創意與管理》序

　　記得小時候，夏天時節，我總喜歡坐在村口溪邊大樹底下的石埠上，把兩隻腳晃蕩在水裡攪啊攪的。那會兒烈日炎炎似火燒，唯有綠蔭底下的溪水是柔柔的清涼一片。此刻，我讀著肖曉20多萬字的論著，心裡頭恰是孩提時候涼爽的感受。

　　正如《酒店》雜誌主編杰夫·威斯廷先生所言：「現在的人們不只是需要一個房間，他們希望能夠有一些新奇的享受和經歷。」隨著酒店供求關係的變化以及人們生活水準的提高，一般意義上的規範化、相同檔次的酒店大同小異及十分嚴重的產品同質化現象，已不能滿足賓客的多元化需求。主題酒店是國際成熟市場為了提高競爭力的必然產物，也是酒店打破傳統，進入高層次文化競爭的表現。

　　文化主題酒店的建設，在中國亦已引起普遍重視，但就區域性的創建活動而言，目前還沒有現成的經驗可以借鑒，如何引領酒店業創建文化主題，需要在理論和實踐上進行研究和探索。

　　肖曉清新如水的文字，成為這一季酷暑中最為柔軟的情懷。

　　我們是如此有幸，能親身投入中國酒店業的創新實踐之中。在經歷了三十多年的飛速發展之後，我們的酒店業下一步該怎樣走才能步伐更加穩健？酒店業的下一片藍海又該在哪裡？

　　深思是必然的。

　　將文化和自然融入酒店品牌，賦予酒店產品豐富的內涵與外延，是酒店實現差異化的重要策略。而酒店的差異化競爭，很重要的方面是文化競爭。因為文化是一種競爭力，越是將地域傳統主題文化融入酒店，酒店就越富有個性特點，就越有吸引力，也越不可複製。充分重視文化，有利於創造差異，提高目標市場消費者的忠誠度，從而長期保持其競爭力。

　　可見，打造文化主題酒店，必將是下一階段中國酒店業發展的一個重要趨勢。

　　「主題酒店在國際上並不是一個新事物，但是形成系統應該是一個創新，在中國更是一個創新。」著名酒店研究專家魏小安如是說。

　　《主題酒店創意與管理》的出版，恰似中國酒店業創新探索歷程中湧出的一溪清流。

　　從遙遠之間，傾谷壑之水，聚山之甘露，匯所有的泉流而集聚起來的一溪清水，蜿蜒而來，使一帶巍峨連綿的群嶺因它多了一份柔情，使一方稀疏散落的村莊因它多

了一些溫暖。

　　肖曉老師在繁重的教育工作之餘，走南闖北，經過大量的走訪、調研和悉心研究，給我們梳理出了一個完整、系統的主題酒店脈絡。《主題酒店創意與管理》從主題酒店定位入手，分九大章從主題酒店的創意設計、形象與品牌建設、市場行銷、人力資源管理、管理戰略、創新經營等各個角度娓娓道來，讓我們明晰了主題酒店的核心是主題產品的文化特徵。主題酒店從籌建開始就應該注重文化的營造，從設計、建設、裝修到管理、經營、服務都注重獨特的主題內涵，突出文化品位，形成個性，從而在市場上形成鮮明的文化主題形象；把酒店的產品和服務項目融入主題中去，以個性化的服務代替刻板的規範化服務，以差異化服務來豐富賓客的個性消費體驗。

　　酒店業是一個需要追逐潮流、不斷創新的行業，形成自身的主題特色也是當今許多酒店立身發展的良策。同樣，一個行業的發展，離不開一批熱愛行業的有識之士的探討和推動。無疑，肖曉老師歷三年嘔心瀝血的結晶，為我們酒店業的探索發展提供了一份難得而深遠的滋潤和馨怡。

　　沏一杯香茶，捧書而讀，細濯絲絲清涼，笑攜縷縷溫柔。隨著時間走向思想深處，用心體味這一溪水的恬靜與柔美。

　　是為序。

張含貞

Contents 目錄

第一章　主題酒店概述
　　第一節　主題酒店的概念及類型 …………………………………………（3）
　　第二節　主題酒店與其他酒店辨析 ………………………………………（10）
　　第三節　國內外主題酒店的發展現狀 ……………………………………（14）
　　案例1　世界知名主題酒店——金字塔酒店 ……………………………（19）
　　案例2　會講故事的酒店——京川賓館 …………………………………（19）

第二章　主題酒店的文化定位與文化管理
　　第一節　主題酒店文化的含義與作用 ……………………………………（25）
　　第二節　主題酒店文化主題的選擇 ………………………………………（28）
　　第三節　主題酒店文化品牌的延伸 ………………………………………（32）
　　案例1　如何完美打造精致的藏文化酒店 ………………………………（37）
　　案例2　中國首家禪文化主題酒店創意與籌劃紀實 ……………………（41）

第三章　主題酒店的創意設計
　　第一節　主題酒店的氛圍營造 ……………………………………………（47）
　　第二節　主題酒店外觀及空間創意 ………………………………………（52）
　　第三節　主題酒店產品創意 ………………………………………………（55）
　　第四節　主題酒店服務創意 ………………………………………………（60）
　　案例1　世界酒店設計創意之最——伯瓷酒店 …………………………（63）
　　案例2　曖曖遠人村，依依墟里煙——塑造中國鄉村生活品牌 ………（66）

第四章　主題酒店行銷系統管理
　　第一節　主題酒店形象策劃 ………………………………………………（71）
　　第二節　主題酒店品牌管理 ………………………………………………（80）
　　第三節　主題酒店行銷管理 ………………………………………………（84）
　　案例1　花間堂的品牌推廣與活動行銷 …………………………………（99）
　　案例2　創造生活的第四空間——亞朵酒店的品牌釋義與傳播策略 …（105）

1

第五章　主題酒店人力資源管理

　　第一節　主題酒店人力資源管理概述 ……………………………………（113）
　　第二節　主題酒店員工的素質 ……………………………………………（117）
　　第三節　主題酒店員工的培訓管理 ………………………………………（119）
　　第四節　主題酒店員工的激勵 ……………………………………………（123）
　　案例1　香格里拉酒店——「員工是酒店最重要的資產」……………（126）
　　案例2　洲際酒店人才戰略——授人以魚不如授人以漁 ………………（127）
　　案例3　員工是文化的寶貴財富——京川賓館人力資源管理措施 ……（130）

第六章　主題酒店管理戰略

　　第一節　體驗經濟與主題酒店 ……………………………………………（135）
　　第二節　差異化理論與主題酒店核心競爭力 ……………………………（139）
　　第三節　主題酒店質量管理戰略 …………………………………………（145）
　　案例1　萬豪酒店管理集團——「人服務於人」………………………（152）
　　案例2　主題酒店顧客滿意度自查 ………………………………………（153）

第七章　主題酒店創新經營

　　第一節　主題酒店創新理論 ………………………………………………（159）
　　第二節　主題酒店創新途徑 ………………………………………………（162）
　　第三節　主題酒店創新發展模式 …………………………………………（166）
　　案例1　技術締造的神話——太陽谷微排國際酒店 ……………………（172）
　　案例2　「酒店+」模式的創新運用 ……………………………………（173）
　　案例3　酒店市場細分的創新——不可忽視的女性市場 ………………（177）

第八章　主題酒店投資與籌劃管理

　　第一節　主題酒店投資可行性研究 ………………………………………（183）
　　第二節　主題酒店環境分析 ………………………………………………（185）

第三節　主題酒店類型與規模分析 …………………………………（190）
第四節　主題酒店籌建策劃 …………………………………………（192）
案例　杭州法雲安縵的前世今生 ……………………………………（201）

後記

第一章
主题酒店概述

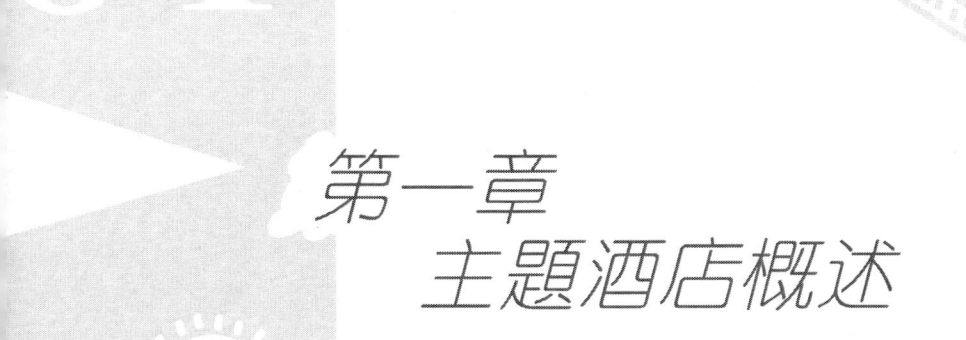

主題酒店在國外已有近60年的發展歷史了，是國際酒店業發展的新趨勢。自從第一家主題酒店在中國落戶以來，國內主題酒店便快速發展起來。作為一種正在興起的酒店發展業態，主題酒店雖然屬於新鮮事物，但從國內外酒店經營情況來看，主題酒店經營狀況均好於其他酒店。正因如此，目前中國主題酒店的發展可謂如火如荼。據不完全統計，現在中國主題酒店數量已超過2,000家，且增長態勢良好。

　　本章首先分析了主題酒店的發展背景，闡釋了主題酒店的基本概念、分類、特點等。其次對比分析了主題酒店與特色酒店、主題酒店與會所的異同。最後對國內外主題酒店的發展進行了簡要的闡述。

第一節　主題酒店的概念及類型

一、主題酒店發展背景

1. 競爭加劇導致市場細分

中國現代酒店業經過三十多年的發展，取得了舉世矚目的成績。與發展相伴，單純以硬件設施的投入、材質的高檔來營造酒店氛圍的建設方法，導致中國酒店千店一面，造價昂貴，特色不足，這種同質化的現象嚴重影響了中國酒店業的整體競爭能力。從 20 世紀 90 年代開始，隨著全球經濟的發展，市場需求呈現多元化的變革趨勢，消費者個性化的需求越來越突出，酒店業的競爭成為不可避免的現實。中國現代酒店經過三十多年的建設與發展，形成了大產業、大市場、大投入、大競爭的基本格局，在「海量」信息市場中，通過市場細分來尋求特色及差異化經營成為酒店業持續發展的必然途徑。

美國著名管理學家、哈佛商學院教授邁克爾・波特在《競爭戰略》中對差異化做了如下描述：如果一個企業能為顧客提供一些具有獨特性的東西，並且這些獨特性能為買方所發現和接受，那麼，這個企業就獲得了差異化競爭優勢。即是說，產品差異化要求酒店以某種方式改變基本相同的產品和服務，使之在質量、性能，尤其是品位上明顯優於同類酒店產品，滿足消費者越來越強烈的個性需求，從而在細分市場中找到自己的位置。主題酒店作為一種有效的形式，可以通過主題的引入與物化，圍繞主題在酒店的感官層面、產品層面、功能層面等方面建立起具有全方位差異性的經營體系和酒店氛圍，營造出獨特的魅力和性格特徵，達到酒店凸顯形象、提升品位、獲得市場的目的。也即主題酒店是具有某種文化特質的酒店，那麼其他酒店是極難仿照的，也就形成了一定的競爭壁壘。

主題文化是主題酒店的靈魂，創建主題酒店是為了避免或減少重疊性的市場競爭，實現有序的和精致的市場細分。主題酒店概念的引入和實踐，為中國酒店建設提供了一種新的思路和方式，通過將所在地豐富的文化資源和自然資源作為主題運用到酒店的設計、建造、裝修、經營與服務之中，拓展了酒店可用資源的範圍，酒店的經營環境將得到極大的改善。地域特徵、文化特質具有極強的差異性，通過不同主題的選擇與物化，不同的酒店可以形成不同的特色和魅力。主題酒店使得酒店同質化的問題能夠得到一定程度的解決。

2. 體驗經濟造就體驗旅遊

美國學者約瑟夫・派恩和詹姆斯・吉爾姆在《體驗經濟》中指出，當前世界經濟

已經步入「體驗經濟」時代。所謂「體驗」是以服務為舞臺，以商品為道具，圍繞消費者創造出值得消費者回憶的活動。「體驗旅遊」是在體驗經濟規模不斷膨脹的大背景下產生的一種嶄新的旅遊產品，其最大的特徵是注重旅遊者的體驗效能，本質是「以人為本」，終極目標是快樂感、親切感、自我價值。因此，「體驗旅遊」特別強調遊客自身的積極參與和自身體驗，使遊客真正感受到旅遊中的樂趣。

旅遊從本質上講就是人們離開常住地到異地去尋求某種體驗的一種活動。旅遊業的發展表明，近年來隨著人們旅遊觀念的增強，越來越多的人認為現代旅遊更多的是一種旅遊心情的分享，一種生活方式的體驗，一種自我價值的實現。體驗旅遊，已成為現代旅遊最具開發潛力的部分，它強調遊客對旅遊地文化的、生活的、歷史的體驗，強調參與性與融入性。體驗旅遊將是體驗經濟時代旅遊消費的必然需求。

就酒店而言，隨著人們生活水準的逐步提高，消費者在酒店已不再局限於單純的物質滿足，而希望在接受服務的同時能得到更大的心理滿足和精神享受，這其中包含著獲得尊重、審美、求奇、追求時尚、獲取知識、感受快樂等體驗需要；這正如美國《酒店》雜誌主編杰夫·威斯廷所說：「現在的人們不是只需要一個房間而已，他們希望能夠有一些新奇的享受和經歷。」主題酒店的建設正是希望通過豐富多彩的主題，在酒店的平臺上創造出不同的吸引物和興奮點，形成內涵豐富、氛圍獨特的消費環境，在顧客參與其中的服務過程中，引起思想的共鳴，留下美好的回憶，獲得不同體驗需要的滿足。主題酒店對顧客而言就是一個實實在在的體驗館。

3. 文化產業呼喚酒店文化

文化產業是 21 世紀全球具有發展前途的產業之一，也必將成為新世紀中國經濟的支柱產業。黨的十六大報告就明確提出「發展文化產業是市場經濟條件下繁榮社會主義文化，滿足人民群眾精神文化需求的重要途徑」，這為發展文化產業提供了理論基礎和政策指導。文化產業的發展實際上是文化資源市場化的過程，而文化資源市場化的前提是文化資源向文化資本的轉化，這種轉化有賴於社會整體的行動和運作。就酒店業而言，主題酒店的建設是文化資源向文化資本轉化的一種有效方式，通過將酒店所在地最有影響力、最具特色的文化資源形成主題，融入產品，能夠最快捷、經濟地實現市場化的功能。因此從某種意義而言，主題酒店既是旅遊產業，也是一種文化產業。

要滿足顧客不同層次的需要，就要求酒店營造出獨特的氛圍，提供高品位的產品。與歐洲許多酒店上百年的歷史相比，中國現代酒店還十分年輕，因此在一定程度上，中國的酒店表現出積澱不深、內涵不夠、品位不高、特色不足的特點。而主題酒店在主題的選擇上由於與所在地深厚、豐富的地域文化相結合，從而在很大程度上彌補了中國酒店自身積澱的不足。發展主題酒店，對建設酒店文化、豐富旅遊內涵、加快旅遊文化產業發展有著積極的意義。

4. 可持續發展需要可持續酒店

世界旅遊組織對旅遊可持續發展給出的定義是：在維持文化和生態完整性的同時，滿足人們對經濟、社會和審美的需求，它既能為今天的東道主提供生計，又能保護和增加後代人的利益並為其提供同樣的機會。就旅遊的可持續發展而言，應當同時包括生態的可持續、社會和文化的可持續以及經濟的可持續。

主題酒店可持續發展的核心思想是建立在經濟效益、社會效益和生態環境效益統一的基礎上的，它所追求的目標是：既要使人們的旅遊需求得到滿足，個人得到充分發展，又要對旅遊資源和旅遊環境進行保護，使後人具有同等的旅遊發展機會和權利。因此，主題酒店可持續發展關注的是以人和自然為核心的生態—經濟—社會的相互協調。

在當今高度重視環境的時代，建設綠色生態酒店是酒店可持續發展的必由之路。具有豐富文化內涵的主題酒店既滿足了顧客的審美需求又滿足了顧客體驗、求知、交往等社會和文化需求。所以，主題文化為酒店的可持續發展注入了內涵，增強了活力。由於破解了同質化、無特色、無文化的弊端，主題酒店的競爭力必然大大提升，其花費的成本也將帶來源源不斷的經濟效益。

因此，主題酒店是可持續酒店的重要形式，打造主題酒店是酒店業可持續發展的重要途徑和方式。

二、主題酒店的概念與特徵

1. 主題酒店的概念

關於主題酒店的概念林林總總，莫衷一是。國際主題酒店研究會榮譽會長魏小安給出的定義是：主題酒店是以文化為主題，以酒店為載體，以客人的體驗為本質。總結前人的觀點，結合近幾年國內主題酒店發展實踐，本書認為：主題酒店是「文化」與「酒店」的有機結合，通過酒店硬件（建築、裝飾、產品等有形方面）和軟件（氛圍營造、服務等無形方面）的三維立體塑造，形成酒店的獨特個性，帶給顧客有價值的、難忘的體驗。這是一種全新的酒店發展模式。

主題酒店為酒店發展帶來新的理念，它要求酒店明確自己的文化主題，並將該主題滲透於酒店經營的各個空間和各個環節，這就需要酒店調整自身的發展戰略、經營理念、管理方式、服務方式，使酒店不僅發揮傳統功能，提供傳統產品，而且要在新的平臺上構築新的情景空間，開發體驗式產品，以情動人。

2. 主題酒店的特徵

（1）文化性

顧客光臨主題酒店，不僅想要得到在一般酒店所能得到的享受，還想得到文化和

個性的體驗。主題酒店要有標誌性的文化品牌，真正的主題酒店和一般酒店的區別就在於其他酒店所缺乏的第三類產品——文化產品。沒有文化就沒有生命力，更缺乏競爭力。鮮明的主題是主題酒店得以生存和發展的資本，一旦確定了某個主題，酒店的一切都將以該主題為中心，圍繞主題展開經營活動，酒店的外觀及建築風格、內部裝修、裝飾藝術、服務人員的服飾及服務方式、酒店的經營理念等都是營造主題氛圍的道具。提升和完善酒店內在的文化要素，就要求酒店內在的文化必須適應顧客的文化心理要求，能夠引起顧客強烈的文化共振，形成穩固、持久的吸引力。因此，主題酒店具有鮮明的文化性，這種文化的本質通過主題化滲透到酒店的各個方面，從而提高酒店的品位，贏得顧客的青睞。

（2）差異性

酒店市場的激烈競爭，使市場細分趨向於精細化，市場空間逐漸狹小，酒店業更深層次的競爭已由價格競爭、質量競爭轉向文化的競爭，競爭優勢就體現為在不同市場空間中的差異化與特色化。對個性化鮮明的消費市場，酒店應當迎合顧客追求個性與特色的心靈感受，以鮮明、獨特、富有差異化的主題產品來滿足消費者的需求。文化無疑是一種非常有效的工具和載體，為開展酒店競爭提供了強有力的基礎。主題酒店通過文化主題的引入，並圍繞主題在酒店的各個方面形成區別於競爭對手的差異化的形象和品牌，這種形象和品牌是不會輕易被競爭者所模仿的，同時使顧客獲得與眾不同的體驗和精神享受，實現了酒店競爭力的提升。因此，追求文化底蘊和文化含量、提供差異化的產品是酒店競爭的共同行為。

（3）體驗性

商品是有形的，服務是無形的，而酒店創造出來的體驗是內在的，令人難忘的，它存在於個人的心中，是個人在形體、情緒、知識上參與的所得。酒店對於顧客來說，其基本功能是滿足顧客對食宿的要求，然而，隨著社會經濟的發展，消費者日趨成熟，越來越追求這一基本功能之外的其他滿足，這種非功能性的滿足不僅能夠降低顧客選擇的成本，而且滿足了自身精神及心理需求。就酒店而言，產品不能止於功能的提供，而是要超越功能，即在滿足顧客功能需要的同時帶給顧客難忘的體驗，也就是說，顧客依託酒店環境、設施、實物產品、服務等來獲得難忘的、有價值的住宿經歷。

（4）專業性

酒店產品的一個重要特徵就是服務的傳遞與顧客的滿意度依賴於員工的素質與行為，對於主題酒店來說，這一點尤為重要。主題酒店從業人員本身就是主題文化的一個符號，是主題文化的重要載體。因此，主題酒店的服務人員較之傳統酒店更要注重深層次的文化內涵的培養，尤其要求其要掌握與主題相關的知識和技能。主題酒店與傳統酒店相比，對從業人員的專業性、相關文化素養等提出了更高更全面的要求。

三、主題酒店的類型

　　國內學者對主題酒店的分類也有一定的闡述，郭松林（2004）根據主題酒店文化的性質、內涵和外延特徵及市場細分理論，將主題酒店分為寬泛主題的主題酒店和典型主題的主題酒店兩種。寬泛主題的主題酒店是一種主題不鮮明，帶有濃厚綜合性色彩的主題酒店，甚至可以說是一種「假主題酒店」或「亞主題酒店」，這是其重要特徵。秦浩、孟清超（2004）根據酒店的主題內容和選材不同將主題酒店分為自然風光酒店、歷史文化酒店、城市特色酒店以及名人文化酒店和傳說科幻酒店等，按照發展階段和層次的不同將主題酒店分為功能性主題酒店和文化性主題酒店。他們指出，功能性主題酒店出現較早，相對於文化性主題酒店是較低層次的主題酒店，而文化性主題酒店是更高層次的主題酒店，是真正意義上的主題酒店。劉韞（2005）從多個角度對主題酒店進行了分類：根據文化根源將主題酒店分為以舶來文化為主題的酒店和以本土文化為主題的酒店；根據主題酒店所選擇的主題文化的類型將主題酒店劃分為歷史年代類主題酒店、民族文化類主題酒店、音樂類主題酒店、體育類主題酒店、城市特色類主題酒店、名人文化類主題酒店，而將非文化類主題酒店又分為自然風光型主題酒店、特種資源型主題酒店；根據酒店的功能將主題酒店劃分為商務型主題酒店、景區型主題酒店和度假型主題酒店。

　　從以上學者的觀點可以看出，對主題酒店分類的認識主要是從主題運作的深度和主題素材內容進行區分的。從主題運作的深度看，寬泛主題的主題酒店、功能性主題酒店（僅以功能為主題，沒有其他主題素材為依託）是最初級的主題酒店，還算不上真正意義上的主題酒店，因為主題不夠深入和突出，內涵不夠豐富；典型主題酒店和文化性主題酒店才是真正意義上的主題酒店。從主題素材內容上看，一種分類是將主題酒店分為文化類主題酒店（包括歷史文化、城市特色、名人文化等）和非文化類主題酒店（包括自然風光、特種資源等），一種是將主題酒店分為歷史文化類、自然風光類、特色城市類等。但前一種分法是不合理的。那些非文化類型的主題酒店其實也是文化主題酒店，因為自然風光、特種資源（如「溫泉」）等本身不能算是主題，要把資源轉換為產品，在產品的基礎上轉化為主題文化，才可能成為主題酒店（魏小安，2005），而後一種劃分似乎也缺乏內在的邏輯性。

　　根據先前專家學者的研究結論，結合近年主題酒店的發展，本書對主題酒店進行以下幾種劃分，以期對酒店經營決策提供參考。

（一）從主題文化的應用程度分類

　　從主題文化的應用程度我們將主題酒店分為：初級主題酒店、中級主題酒店和高級主題酒店。

　　圖1-1中，縱軸是主題化空間，橫軸是主題化深度。我們可以將主題酒店分為四

類：完全化主題酒店、泛化主題酒店、局域化主題酒店、輕微化主題酒店。輕微化主題酒店和局域化主題酒店的建立，好比是中國在改革開放之初設立經濟特區一樣，是一種循序漸進的變革。這既是一種銳意進取的姿態和信心，又是一種穩妥安全的方式和手段，適用於中國酒店業的實際情況。完全化主題酒店的建設需要投入更多的人力、物力和財力，往往從酒店設計之初就開始進行全方位考慮了。而局域化主題酒店只是酒店的某個部門或某個局部具有某種特色，還稱不上是主題酒店，而是特色酒店。因此，輕微化主題酒店也可以叫作初級主題酒店，泛化和局域化主題酒店被稱為中級主題酒店，而完全化主題酒店即是高級主題酒店。

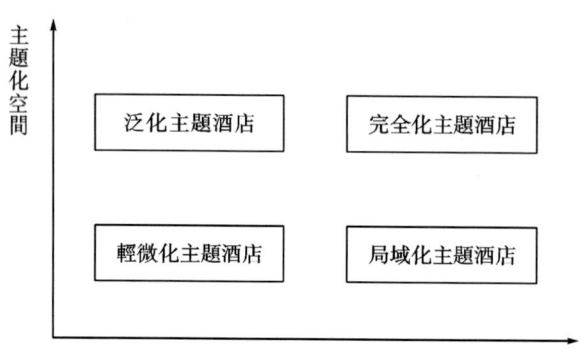

圖 1-1　主題酒店化程度

（二）從主題酒店的文化屬性分類

表 1-1　　　　　　　　　　主題酒店文化屬性分類

文化屬性	主題酒店分類	酒店特色	代表酒店
依附自然資源文化的主題酒店	生物景觀文化	以動植物資源為特色，為顧客營造身臨其境的自然景觀場景	廣州長隆酒店、杭州陸羽山莊度假酒店
	地文景觀文化	以特色地貌景觀為依託建造	昆明金泉大酒店、珠海御溫泉度假村、洪都拉斯卡潘多島度假酒店
	水文景觀文化	以水景為依託，營造休閒度假氛圍	大連水上人間國際假日酒店、臺州海洋國際酒店、深圳茵特拉根瀑布酒店、馬爾代夫索尼婭姬莉酒店（Soneva Gili）

表1-1(續)

文化屬性	主題酒店分類	酒店特色	代表酒店
依附人文資源文化的主題酒店	歷史文化	營造和再現某段社會歷史	悅榕莊（中國）、安縵（中國）、杭州新新飯店、北京王府井大飯店、加利福尼亞的瑪多娜旅館（Madonna Inn）
	城鄉文化	以某一特色城市或鄉村為藍本，再現城鄉風情	深圳威尼斯酒店（Paris Resort）、巴黎酒店、婺源曉起禮耕堂客棧、成都夢桐泉度假酒店
	名人文化	以名人事跡為素材	成都天辰樓賓館、紹興咸亨酒店、曲阜名雅杏壇賓館
	民族文化	突出少數民族文化氛圍	成都西藏飯店、百色靖西壯錦大酒店、香格里拉松贊綠谷酒店
依附人文資源文化的主題酒店	宗教文化	體現某種宗教文化的精神訴求，達到養生、清心的效果	成都圓和圓佛禪客棧、樂山禪驛度假酒店、普陀山雷迪森莊園酒店
	藝術文化	以電影、美術、文藝作品等藝術種類為素材	迪士尼酒店、北京東景緣酒店、杭州西子湖四季酒店、香港迪士尼好萊塢酒店、瑞典冰雪酒店（Icehotel）
	社會風尚文化	以社會某種群體感興趣的事物或現象為表現形式	喆·啡酒店、希岸酒店（Xana Hotelle）、紐約摩根獨創酒店（A Morgans Original New York）

（三）根據地理位置分類

從地理位置將主題酒店分為城市主題酒店、度假地主題酒店、鄉村主題酒店等。

表1-2　　　　　　　　　　　　**主題酒店地理位置分類**

主題酒店分類	酒店代表	主題文化
城市主題酒店	成都西藏飯店	藏文化
	杭州陸羽山莊度假酒店	禪茶文化
度假地主題酒店	九寨天堂度假酒店	藏文化
	青城山六善酒店	禪文化
鄉村主題酒店	北京拉斐特城堡酒店	紅酒文化
	安吉帳篷客酒店	度假休閒文化

另外，根據客房間數及規模大小，將主題酒店分為小型主題酒店、中型主題酒店、

9

大型主題酒店和特大型主題酒店。

根據主題酒店經營特點劃分，將主題酒店劃分為商務型主題酒店、度假型主題酒店、會議型主題酒店和旅遊型主題酒店等。

第二節　主題酒店與其他酒店辨析

一、主題酒店與特色酒店

主題酒店和特色酒店是兩個既相聯繫又相區別的概念。

（一）主題酒店一定是特色酒店

獨特性、新穎性、文化性是主題酒店和特色酒店生存與發展的基礎。從這個層面而言，主題酒店和特色酒店具有同質性，二者都具有以下特徵：

1. 鮮明的文化特色

二者都通過引入人類文明的某些基因使酒店從外形的建築符號、裝飾藝術，到內涵的產品組合、服務品位與傳統酒店產生差異，形成特色，對消費者的視覺感官、心理體驗造成衝擊，即利用文化的力量取得市場競爭的最終勝利。需要注意的是，這裡所說的文化是一種廣義的概念，包含了人類物質文明與精神文明的全部。

2. 張揚的個性特徵

和傳統酒店相區別，主題酒店與特色酒店注重差異性的營造，力求在酒店建設、產品設計與服務方面創新，因而突破千店一面的傳統格局。張揚的個性特徵是主題酒店與特色酒店追求的一種效果。

3. 高質量的消費對象

由於具有鮮明的文化特色與個性特徵，除少部分的獵奇者以外，吸引來的消費者絕大多數是對生活有較高品位要求的客人，體味特色、感受氛圍成為他們購買酒店產品的重要動機。酒店實際上成為愛好相同、興趣接近、具有共同語言的人群集聚地。人們到此消費，除滿足基本的生理需求外，更注重精神上的享受與共鳴。

（二）特色酒店不一定是主題酒店

目前許多酒店以特色餐廳、特色客房、特色酒吧、特色裝飾風格取得了「特色」的地位，但這些酒店只能稱為特色酒店，而不能被視為主題酒店。二者的差異表現在：

1. 地域化

特色酒店的文化取材可以包含古今中外、包羅萬象，凡是人類文明的結晶均可成為其選擇的目標。主題酒店的主題則是與酒店所在地地域特徵、文化特質具有密切的聯繫。

2. 體系化

特色酒店文化的引入可以局限在酒店的某一局部、某一環節，在一家酒店中也可以表現不同的文化內容。主題酒店則強調酒店整體的主題化，必須圍繞主題構建完整的酒店體系，酒店從硬件到軟件的設計與組合應該圍繞統一的主題開展，各功能區、各服務細節應能為深化和展示同一主題服務。即是說，主題酒店圍繞同一核心內涵，利用酒店的全部空間和服務來營造一種無所不在的主題文化氛圍。

3. 時效性

由於獨特與新穎，特色酒店能夠形成一種轟動效應，但與主題酒店相比較，卻呈現出明顯的較短的生命週期。因為地域化的不足，所形成的特色無法和酒店所在地的城市精神有機融合，品牌化力量受到削弱；由於體系化的不足，特色缺乏強有力的支撐系統，功能的影響力受到限制。因此，特色極易被模仿和複製，隨著同質競爭者的不斷出現和顧客的消費疲勞，特色成為一種共性，產品便走到了它的生命週期的盡頭。而主題酒店因其具有深厚的文化底蘊，其產品和服務的內涵可不斷挖掘，是一種創意無限的生命力強大的酒店。

二、主題酒店與精品酒店的異同

現今，由於人們對於生活的高標準要求催生出了更多不同酒店的概念，主題酒店與精品酒店便是近年來發展十分迅速的兩種酒店類型。

主題酒店與精品酒店都是獨特概念酒店中的兩種類型。

精品酒店最初起源於北美洲的私密豪華或離奇的酒店環境，以提供獨特、個性化的居住和服務水準作為自己與大型連鎖酒店的區別。精品酒店規模一般較小，大多在百間客房以下，且有很好的隱私環境。精品酒店不但需要精緻的產品，以滿足物質價值的消費體驗，更需要融入內涵豐富的文化、藝術、歷史等元素，使酒店的內涵無限延伸，品位得到充分的精神溢價，使精緻的產品與文化藝術有機的融合。酒店管理層充分利用有限的經營面積，在服務方式和服務內容上精雕細琢，注重每一個細節，以獨特雅緻的裝飾和細膩溫馨的服務創造出名副其實的「精品」酒店。

（一）主題酒店與精品酒店的相似性

對於當今主流人群消費習慣的變化，酒店的行業趨勢正迴歸到以客房為核心產品和主打的新型酒店思維當中。近幾年在中國酒店行業裡，主題酒店與精品酒店的創新熱潮持續升高，這兩種酒店類型具有幾個共性：

1. 規模小

主題酒店與精品酒店的規模普遍都不大，客房資源比較有限，很多酒店的客房數量只有幾十間，一般不會超過100間。雖然規模相對較小，但客房較寬敞。

当然也有少数规模较大的主题酒店和精品酒店，例如位於澳門的威尼斯人度假村酒店，它以威尼斯水鄉為主題，共有客房 3,000 多間。

2. 獨特性

主題酒店和精品酒店都十分重視設計主題、人文自然環境的把控。兩類酒店都通過引入不同的理念和風格使酒店從外形的建築、裝飾藝術，到內部的產品組合、服務與傳統酒店產生差異，形成屬於自己酒店獨特的風格，對消費者的視覺感官、心理體驗進行直接或間接的衝擊，即利用文化、藝術的力量對酒店行業的格局進行改變。

3. 時代性

隨著中國文化元素的不斷活躍，中國現在有很多重視品位的人出門不要求五星級酒店，不要求所謂的國際品牌。越來越多的人喜歡低調不張揚卻有特色的東西，像古人所說的人在鬧市、心在山林，始終有一種隱士的感覺，這種感覺是主題酒店與精品酒店最具特色，在短時間能被更多人接受和追逐的共同情感。現在，設計酒店時既要考慮中式的低調，同時也需要融合現代元素，與時代接軌。在空間的利用上，酒店現在更講究室內空間的舒適度、視覺審美的融洽度。

4. 顧客品位的一致性

由於主題酒店與精品酒店鮮明的個性與特色，吸引來的消費者大部分都是喜歡情調、追求格調與精神享受的群體，體味特色、感受氛圍成為他們前來酒店的動機。人們在酒店除了休憩之外，更加注重精神上的享受與共鳴。

（二）主題酒店與精品酒店的差異

主題酒店也是近年來發展較快的一種酒店類型，人們常常將它與精品酒店混為一談。事實上，這是兩個完全不同的酒店概念。

1. 源起差異

主題酒店的推出在國外已有 60 年的歷史。世界上最早的主題酒店興起於 1958 年加利福尼亞的瑪多娜旅館（Madonna Inn），首先推出 12 間主題客房，隨後發展到 109 間，成為當時最早、最具代表性的主題酒店。主題酒店發展於美國拉斯維加斯，據統計，在世界最大的 16 家主題酒店中，拉斯維加斯就有 15 家，主題酒店是拉斯維加斯酒店業的生命和靈魂。

精品酒店創辦於 20 世紀 80 年代初期，以它嶄新概念的設計和獨特的氛圍而受到追棒。20 世紀 70 年代精品酒店的創辦人蘭·施拉德（Lan Schrager）和合夥人史蒂夫·魯貝爾（Steve Rubll）在紐約開辦了一家並不出名的 54 號迪斯科工作室，1984 年 MORGANS 酒店開業了，這是一座反應顧客興趣和生活方式的酒店，一座能提供樂趣和娛樂而有別於那些俯拾即是、索然無味、大眾化的酒店，它如今在世界各地已擁有十幾家十分著名的酒店。精品酒店起步較晚，因此並不十分成熟和完善，而且在全球的分佈狀況也極不平衡。

2. 特點差異

主題酒店是指以酒店所在地最有影響力的地域特徵、文化特質為素材，設計、建造、裝飾、生產和提供服務的酒店，其最大特點是賦予酒店某種主題，並圍繞這種主題建設具有全方位差異性的酒店氛圍和經營體系，從而營造出一種無法模仿和複製的獨特魅力與個性特徵，實現提升酒店產品質量和品位的目的。

精品酒店是一個獨特的酒店類別，其大體上分為城市精品酒店、度假勝地精品酒店和歷史文化精品酒店三個主要類型。通常類型是因酒店所在的位置而確定的；一般以 50~80 間客房為宜，再小也無妨；客房是主要經營項目，配套設施不對外開放，私密性是精品酒店的核心要求；酒店裝飾要符合要求，陳設藝術品和工藝製品 80% 以上應該是原作和珍品，所有陳設要體現設計思路；精品酒店投資單價高，設備耐久，對服務要求較高；目標客源主要是喜愛精品酒店文化的高端國際商務人士和度假客人，房價標準一般不低於相同城市五星級酒店的平均價格。

3. 理念差異

主題酒店的中心是以某個文化元素為主題，由具體主題來配置酒店的一系列設施，包括酒店的裝修、設計、裝飾及產品、服務。目的就是營造獨特的主題氛圍，使得消費者在體驗主題氛圍的過程中產生思想共鳴。

精品酒店的核心就是「精品」，精品即代表了高端的定位，它無須有一個明確的主題，但是無論房間是多是少，需要確定的是在酒店的各個細節中都要精益求精，使得消費者能在體驗中獲得精緻、精細的品質感受。

4. 消費人群差異

主題酒店的消費者最重視的是酒店獨特的主題氛圍，消費人群大部分屬於樂於嘗試新奇風格的群體，他們的特點在於比較接受潮流文化，經濟收入處於中等或中等偏上水準。這些人群十分注重於不同酒店主題給他們帶來的氛圍體驗。

精品酒店的消費者最重視的是酒店有品質的精緻設施和精細的服務，消費人群偏向享受文化生活的高端商務人士和追捧高品位的休閒旅遊者，所以精品酒店的目標客戶群體必然是具有殷實經濟基礎的高端消費群體，並且這些講究品位的高端群體十分注重體驗感受，能分辨細微文化差異，從酒店設計到服務上都會看重細節的雕琢。

5. 發展方向差異

主題酒店最顯著的特點就是其文化性，未來發展中，整個主題酒店的設計、營運、管理及服務都會更加緊密地圍繞著這一文化性，使酒店系統化和主題化。這樣的目的是使消費者能夠更清晰地體會到主題酒店的氛圍，感受主題酒店的文化。例如印尼巴厘島的搖滾音樂主題酒店，它以搖滾音樂為主題，所有房間都提供互動式影音娛樂系統，酒店內還展出音樂文物、音樂家手稿、老唱片封面、歌唱家用過的服飾等。

相比較而言，精品酒店則更突出其高端的特徵。酒店無論設計、裝飾或服務都體

現著精致的中心理念，從酒店整體風格設計到為客人提供的每一項服務上都更注重細節的雕琢，目的是給顧客以高品質的感受，享受精品。例如，坐落於寬窄巷子的成都釣魚臺精品酒店，它由法國殿堂級大師布魯諾・默因納德（Bruno Moinard）主持設計，於 16,000 平方米的兩座中式庭院，布置出 45 間具有極致奢華設計風格的客房，酒店的完善餐飲配套更能滿足消費者專享的多樣化需求，釣魚臺國賓館廚師團隊執掌的御苑國宴餐廳、樂庭亞洲風尚餐廳、芳菲秀大堂酒廊及近街甜品店等，無不流淌著優雅與尊崇的品位。

第三節　國內外主題酒店的發展現狀

一、中國主題酒店的發展現狀

中國主題酒店的發展經歷了兩個階段：自由發展階段和有組織的發展階段。自由發展階段從 1995 年至 2004 年 11 月 5 日。這期間國內主題酒店的建設是由各家酒店自我摸索著完成的，沒有相關組織去推動。有組織的發展階段是從 2004 年 11 月 6 日至今。這期間國內的酒店開始相互交流建設經驗，並最終建立了行業組織，確定了發展標準。

（一）國內主題酒店的自由發展階段

1995 年，以乒乓文化為主題的玉泉森信大酒店開業，客房達 300 間。酒店門前有山東籍乒乓球運動員喬偉、劉雲萍的塑像。酒店建成了 1,000 多平方米的乒乓球館，成立了乒乓球俱樂部，由原山東省乒乓球主教練薛立成負責，擁有專業的教練員、陪練員和裁判員隊伍，為乒乓文化地深入挖掘提供了專業的人才保證。酒店組織、承辦過 CCTV 杯國際乒乓球挑戰賽、中國 CCTV 杯乒乓球擂臺賽等乒乓球賽事。玉泉森信大酒店是中國第一家主題酒店（有爭議，也有人認為深圳威尼斯皇冠假日酒店為中國第一家主題酒店）。

1997 年，鶴翔山莊被改建成了一家以道教文化為主題的酒店，客房達 101 間。山莊內有 20 多個景觀：青城道家博物館、百鶴石雕牆、青城道教首領範長生雕像、鶴翔山莊碑記、古長生宮圍牆等。儘管有的景點與道家文化扯不上關係，但是它們卻加強了鶴翔山莊的道教特色，增加了山莊的吸引力。

成都京川賓館建立於 1984 年，1996 年成為三星級酒店，後因管理滯後，經濟效益下滑，自 2002 年底開始改造，建成了三國文化主題酒店，客房 200 多間。酒店有三座主體建築，分別是成都宮、建業宮、洛陽宮，呈「品」字形分佈。酒店內有以蜀漢文化為主題的文化陳列館。酒店設有文化部，專門負責將主題文化滲透到主題酒店的日

常經營當中，還設有館內導遊、講解隊。

2001年，以威尼斯水城為主題的深圳威尼斯酒店開業，擁有375間客房，是中國第一家以異國文化為主題的酒店。

2003年年底，計劃投資近億元的夢幻城堡本應從杭州蕭山區傳來開工的消息，不料卻被杭州有關方面宣布其計劃流產。原計劃夢幻城堡占地13萬平方米，高100多米，客房總數超過1,000間，設有20多個會議室和展廳。這是中國第一家失敗的主題酒店。

2004年10月，以酒文化為主題的北京拉斐特城堡酒店開業，客房72間。酒店建築由一座主城堡和兩座城堡式配樓組成，再現了歐洲文藝復興時期巴洛克式的建築風格。主城堡前是一片佈局獨特的花壇，栩栩如生的古希臘神話雕塑置於其中。城堡與羅馬柱廊合圍而成一座近萬平方米的酒文化廣場，是舉辦大型演唱會、酒會的理想場所。拉斐特城堡酒店在地下建有酒文化博物館，以實物、文字、圖片、模型來演繹法國葡萄酒文化的歷史。

(二) 國內主題酒店有組織的發展階段

2004年11月6日，在成都京川賓館召開了中國第一屆國際主題酒店研討會，與會人員對國際主題酒店研究會的成立進行了初步溝通和探討。這標誌著中國主題酒店的建設由分散開始走向了統一。

2005年11月，在廣東江門召開的「國際主題文化酒店發展論壇」正式授牌了22家「中國主題酒店」，同月，由著名旅遊專家魏小安撰寫的中國首部圖文並茂的主題酒店類專著《主題酒店》出版發行。

2006年7月，全泰式風格的香樹灣花園酒店在江蘇常州盛大開幕，客房125間。泰式建築素材中的翹角、鏤空、雕花及金飾紋樣的充分運用，加之大量綠色植物在室內外進行造景，使酒店異域文化氛圍分外濃厚。

2006年12月27日，華僑城洲際大酒店開業，客房549間。該酒店投資7億元，嚴格按照白金五星級標準設計建造，並被賦予鮮明的西班牙主題文化，使之與華僑城旅遊度假區開放、包容的文化相呼應。

2006年12月8日，國際主題酒店研究會創立大會在山東濟南的玉泉森信大酒店隆重舉行。會議通過了《國際主題酒店研究會章程》，組織學習了魏小安主撰的《主題酒店開發、營運與服務標準》，舉行了優秀主題酒店創建經驗交流活動。本次大會標誌著國內主題酒店建設步入了標準化進程，是中國旅遊酒店發展史上的里程碑。主題酒店再次引起業界和理論界的關注，主題酒店標準的出抬為其快速發展奠定了實質性基礎。截至2007年，中國主題文化酒店獲得國際主題酒店研究會認證的數量已達到22家。

2006年以後，主題酒店便在中國大江南北如火如荼地發展起來。迄今，據不完全統計，中國主題酒店數量已達到2,000多家。業界對主題酒店的理論研究和實踐研究也逐漸多了起來，但主要集中在主題文化的引入、酒店設計及硬件打造等方面。本書

將較全面、系統地對主題酒店的創意及經營管理進行研究,以期對中國主題酒店的發展盡一分微薄之力。

二、國外主題酒店的發展現狀及特點

(一)國外主題酒店的發展現狀

主題酒店的推出在國外已有 60 年的歷史。1958 年,美國加利福尼亞的瑪多娜旅館(Madonna Inn)率先推出 12 間主題房間,後來發展到 109 間,成為美國最早、最具有代表性的主題酒店。瑪多娜旅館由瑪多娜夫婦創建,共有 109 間套房,每個房間都有不同的主題,其中最著名的就是山頂洞人套房,這間套房完全利用天然的岩石做成地板、牆壁和天花板,房間內還掛有瀑布,連浴缸、淋浴花灑也由岩石製成,床單和其他擺設運用了美洲豹皮的圖案,更彰顯了原始的氣息。

美國是世界上主題酒店業最發達的國家,而拉斯維加斯是美國主題酒店業最發達的地區,拉斯維加斯因此被稱為「主題酒店之都」。據統計,世界最大的 16 家主題酒店中,拉斯維加斯就有 15 家,主題酒店是拉斯維加斯酒店業的靈魂和生命。在拉斯維加斯,主題酒店雲集,構成了一道豪華豔麗的風景線。

1996 年,凱撒皇宮大酒店開業,有 2,000 餘個房間。酒店依照古羅馬宮殿建築,戶外建有「上帝的花園」,擁有 3 個游泳池。酒店內有凱撒魔術帝國劇場,進行魔術表演。

1972 年,馬戲團酒店(Circus)開業,擁有 3,000 餘個房間。每天 11 點,每小時一次的馬戲表演是其特色。另有大峽谷主題樂園(Grand Slam Canyon),內有 140 英尺(1 英尺=0.304,8 米)高的假山、90 英尺高的瀑布,還設有河水、海灘、主題餐廳等。

1989 年 11 月 22 日,夢幻酒店(Mirage)開業,有 3,000 餘間客房。酒店前廳有一個 20,000 加侖(1 加侖約為 3.785 升)水的水族箱。酒店還擁有白老虎表演秀、其他稀有動物表演、魔術表演。

1990 年 6 月,石中劍酒店(Excalibur)開業,擁有 4,000 餘個房間。酒店外形是中世紀城堡建築,還設有亞瑟王劇場,進行騎士競技表演。

1993 年 10 月 27 日,金銀島酒店(Treasure Island)開業,有 2,900 間客房。酒店仿照小說《金銀島》中的情景建造。每天都有多場海盜表演,有專業演員扮成海盜和英國水兵表演作戰。另外,酒店還有一長駐專業演出團體——太陽劇團(cirque du soleil)。

1993 年 12 月 18 日,米高梅大酒店(MGM Grand)完工,有 5,000 餘個房間。好萊塢劇院(the Hollywood Theatre)裡夜夜笙歌,許多世界頂級的比賽和演出也都在這裡舉辦。另外,在米高梅廣場上演《超級秀——娛樂之都》,由 20 世紀 70 年代的青少

年偶像大衛・凱西迪（David Cassidy）領軍演出。

1993 年秋，金字塔酒店（Luxor Hotel）開始建造，共有 4,000 餘間客房。外觀設計成大金字塔及獅身人面像，房間建在金字塔的外壁之中，呈 30 度向上延伸至金字塔塔頂。酒店房間的設計也以古埃及風格為主。1,200 個座位的金字塔劇院是固定主秀演出之處，該節目由 3 位在 1991 年紐約外百老匯起家的「藍人」擔綱。每天 19 時、22 時各一場。酒店金字塔的內部為中空設計，建有主題樂園，被稱為「金字塔的秘密」。另有主題樂園國王谷（the Valley of the Kings）和皇後谷（the Valley of the Queens）。

1997 年，紐約酒店（New York Hotel）開業。複製紐約的地標，如自由女神像、帝國大廈，還有遊樂場，其中有雲霄飛車，名為曼哈頓快車。

1998 年 10 月 15 日，貝拉吉歐酒店（Bellagio Hotel）開業。取材於義大利的貝拉吉歐村和科摩湖。湖面有數千個噴泉。依照巴黎歌劇院建造的劇院，上演現代舞臺劇、現場音樂會等。酒店內的美術館中有十分珍貴的藝術收藏品，囊括了諸多大師的真跡雕塑、油畫等。

1999 年，威尼斯酒店（the Venetian Casino Resort）開業，有客房6,000間。酒店以威尼斯文化為主題進行了裝修，蜿蜒清澈的水渠、玲瓏的石橋、隨風輕搖的貢多拉船充分展現了威尼斯水城文化。

1999 年 9 月，巴黎酒店（Paris Resort）開幕。建有埃菲爾鐵塔、香榭大道、凱旋門、歌劇院、塞納河等巴黎標誌性景點。裝飾綽約路燈的小路、精心設計的法語路牌，以及大堂牆壁上的古典壁畫充滿了浪漫的法國情調。

1999 年，曼達利海灣酒店（Mandalay Bay）開業，有 3,700 間客房。總臺後方以熱帶植物為裝飾背景，泳池邊有令人難以置信的沙灘，由造波機產生的海浪，令顧客忘了置身在何處。

2005 年 4 月 28 日，韋恩拉斯維加斯大酒店（Wyun LasVegas）開業，有 2,716 間客房。曾一度成為世界上最為昂貴的度假酒店，投資高達 27 億美金。酒店還提供 Mystere 秀創始人法蘭可（Francor Dragone）表演的新式劇目。

美國人把他們的主題酒店歸納為浪漫、野性、原始、前衛、經典幾大類。

除拉斯維加斯外，國外還有一些其他著名的主題酒店：

雅典的衛城酒店──以雅典衛城為主題，到處可見雅典衛城的照片、繪畫、模型、雕塑、紀念品，開窗就可以看到雅典衛城。

維也納的公園酒店──以歷史音樂為主題，隨處可見音樂家的照片、繪畫、雕塑、歷史場景，宴會廳有樂池、舞臺，背景音樂都是名曲。

印尼巴厘島的搖滾音樂主題酒店──以搖滾音樂為主題，占地 3 公頃，有 418 間客房。所有房間，都提供互動式影音娛樂系統；酒店內展出音樂文物、音樂家手稿、老唱片封面、歌唱家用過的服飾等。

柏林的怪異酒店——以怪異為主題，浴缸和馬桶猶如啤酒桶，床鋪利用傾斜的地板、不規則的牆角設計成會飄蕩的搖籃；房間的牆壁黃色和棕色相間，又如監獄之門，那兒有一個被撞開的大洞，足夠一個人貓腰爬進爬出。

總體來看，國外主題酒店可以分類歸納為：藝術主題、自然風光主題、名人文化主題、歷史文化主題、民族文化主題、城市文化主題等，少數另類的有：賭場主題、古怪主題和奢侈主題等。

(二) 國外主題酒店的特點

縱觀國外主題酒店的發展，可以看出國外主題酒店具有以下特點：

1. 酒店規模大、集團化程度高

國外有些主題酒店面積龐大，客房數量巨多，可達千間以上，其中米高梅大酒店有 5,000 餘間客房，威尼斯酒店更是達到了 6,000 間客房。拉斯維加斯的貝拉吉歐酒店、夢幻酒店和金銀島酒店、韋恩拉斯維加斯酒店等都是由韋恩一人投資的。另外，馬戲團酒店、石中劍酒店、金字塔酒店、曼達利海灣酒店等都是由馬戲集團投資建造的。

2. 重視環境的營造，突出強調水元素

國外主題酒店都將酒店周邊環境加以建設改造，使之與酒店的主題相呼應。這樣可以為顧客創造良好的主題體驗環境，使顧客在其中盡情感受主題文化的獨特魅力。在塑造體驗環境過程中，酒店對水元素情有獨鍾，或者在酒店周邊設置水面，或者在酒店內部突出水的存在。一方面，這與拉斯維加斯沙漠綠洲的形象相一致；另一方面，也與中國「遇水則止」的風水理念相契合。

3. 娛樂性及體驗性強

拉斯維加斯的主題酒店大多強調娛樂表演秀。酒店裡面設有專門的劇場，表演特色的娛樂節目。有的節目由專業演員擔綱表演，有的節目通過高特技手段進行。這些節目有固定的表演時間，吸引了遊人的目光，如金銀島飯店的加勒比海盜主題文化節目等。不少酒店建造了主題樂園，讓顧客在酒店的體驗再度升級。一是因為酒店的規模很大，酒店有足夠大的空間來建造主題樂園；二是因為酒店實力雄厚，有足夠的資本投資樂園；三是主題樂園的體驗性強，彌補了酒店現有產品的不足，因而可以很好地滿足顧客的體驗需求。

4. 酒店建築富有特色

國外主題酒店或者模擬現實中的真實建築，或者模擬小說當中的情節，其外觀別具一格，令人過目不忘。開業於 1999 年 12 月的迪拜伯瓷酒店，一共有 56 層，340 米高，是目前中東地區最高的建築物。酒店外形像一艘帆船，共有高級客房 202 間，採用雙層膜結構建築形式，造型輕盈、飄逸，具有很強的膜結構特點及現代風格，該酒店建立在離海岸線 280 米處的人工島 Jumeirah Beach Resort 上。

案例1　世界知名主題酒店——金字塔酒店

　　美國拉斯維加斯的金字塔酒店（Luxor Hotel），又叫盧克索酒店。酒店以埃及金字塔為主題，外形是獅身人面像，有4,000餘個客房，是世界上第三大度假酒店、第四大金字塔。最為引人注目的就是酒店前面的獅身人面像以及作為酒店主體的金字塔。酒店於1991年動工，同年動工的還有金銀島酒店和現在的米高梅大酒店。盧克索酒店以古埃及金字塔形建築著稱，共有4,000餘間房間，分別位於金字塔內牆和擴建的東、西二塔中。酒店於1993年10月15日開業。盧克索酒店也是全拉斯維加斯最容易被看到的酒店，因為在酒店（金字塔）頂部有一束激光直射向天空，在夜間的時候，飛機飛行途中就算遠在440千米外的加利福尼亞州也能隱約看到這束激光。位於金字塔內牆的房間，都需要搭乘一種特製的升降機才能到達，而這種升降機是與外牆一樣成39度角。盧克索酒店這個名字本身是來自古埃及的一個著名城市盧克索，那裡存有很多遺跡，但該城市本身並無金字塔。此酒店普遍被認為是20世紀90年代後現代建築的典範，更曾被著名的《建築》雜誌登上封面。

圖1-2　美國拉斯維加斯的金字塔酒店（盧克索酒店）

案例2　會講故事的酒店——京川賓館

　　京川賓館位於中國歷史文化名城——成都市，其緊靠三國歷史文化古跡武侯祠、道教名觀青羊宮、詩聖棲居地杜甫草堂，又有古琴臺商業步行街、成都市浣花生態風景區、百花潭公園近在咫尺。京川賓館建立於1984年，1996年被評為三星級飯店。

　　2002年以來，京川賓館走文化創新之路，投資2,000萬元對廣場、門廳、大堂、客房、餐廳等相關設施進行了全面裝修改造，開始創建三國文化主題飯店。2004年11月，京川賓館被評為全國首家四星級主題旅遊飯店。賓館以三國文化為經營特色，以三國典故傳說和精神為傳播主流，具有濃鬱傳統文化特色的裝飾，烘托出強烈的三國文化氛圍，外觀氣勢恢宏，店內古色古香，客房舒適溫馨。三國文化主題酒店——京川賓館，在滿足顧客的食、宿、行、遊、購、娛的同時，還讓顧客體驗了三國文化，學習了三國智慧，突破了酒店的基本功能。

　　走進古樸莊重的大門，「京川賓館」四個大字鐫刻於紅砂巨石之上，並有龍虎守護，背刻「京川賓館三國文化建設序」名家碑文，字體遒勁有力；右面牆上，「桃園三結義」浮雕精美絕倫；大門內，三國文化廣場氣勢恢宏，蜀漢華表為柱，撐起大堂雨棚；大堂地面「雙龍戲珠」花崗石拼花、中庭上方「蜀宮迎賓宴樂」刻畫、「劉備入成都」總臺背景金箔畫，寓迎賓之意，盡顯溫馨、吉祥；紅木刻「京川賓館賦」「三國遺址分佈圖」、烏木根藝，古樸而現代；大堂內可見「隆中對」「千里走單騎」「關公夜讀春秋」浮雕，與「劉備稱帝」大型絹畫相映成趣。三國蜀漢文化在賓館內處處得以體現。

　　京川賓館客房在命名上頗有特色，如「建業宮」「成都宮」「洛陽宮」分別代表客房的三個分區；「蜀漢帝宮」意謂劉備就寢處，實為一豪華行政套房；而「關將軍府」「諸葛相府」「張將軍府」「趙將軍府」則為各類套房；「聚賢堂」乃茶樓，「蜀漢堂」是餐廳等。

　　京川賓館將三國文化特色融入宴會、菜品的研發之中，並以宮廷宴樂為創新基調，以現代餐飲為時尚亮點，推出了主打宴席——三國宴、蜀宮樂宴、龍鳳呈祥主題婚宴，同時還配套推出了備受社會散客青睞的三國百家菜、養生滋補湯鍋系列。

　　京川賓館還充分利用各種空間，將富有三國文化特色的石雕、壁畫、詩賦作品，精心裝點，營造京川賓館的三國主題文化氛圍。在這裡，顧客足不出戶即可欣賞到賓館獨創的「劉備入成都」「桃園結義」等繪畫新品，還可以觀賞到省市文物單位專門在賓館設立的「蜀漢文物陳列館」的一些館藏文物。

　　總之，顧客從進入京川賓館大門開始，一步一景，賓館的每一處都在講述著膾炙人口的三國故事，使人們不由生發懷想三國之幽情，引發顧客對三國文化及其思想精髓的遐想和思考。

圖 1-3　京川賓館蜀宮樂宴

圖 1-4　京川賓館聚賢堂茶坊

第二章
主題酒店的文化定位與文化管理

主題酒店作為一種新興的酒店形態在中國迅速發展，甚至有人預言其將與星級酒店、經濟型酒店共同形成中國酒店業三足鼎立的行業格局。作為一個新興的酒店產品形態和行業發展趨勢，主題酒店備受關注，然而如何建設一家真正意義上的主題酒店卻一直困擾著業界。比較不同類型酒店籌備過程的差異，我們發現主題酒店文化定位是主題酒店與標準化酒店、經濟型酒店形成差異的重要方面。主題文化是主題酒店形成鮮明特色和獨特個性的靈魂，統領著主題酒店環境氛圍的營造和主題產品的設計，而給入住客人充滿個性化的文化感受，是形成主題酒店商業感召力的核心支點。主題酒店的主題文化選擇一直是主題酒店研究的核心，也是決定主題酒店是否成功的關鍵性因素。同時，文化主題一旦確立，那麼酒店在未來的建設與發展中都要與該主題相呼應，後續文化主題的管理也十分重要，如品牌管理、品牌延伸等，這是使酒店持續發展的必要手段。

第一節　主題酒店文化的含義與作用

　　酒店文化和主題酒店文化是兩個既區別又聯繫的概念。在主題酒店的建設與發展中，不少人將其截然分開，也有不少人對其關係的理解模棱兩可。這對主題酒店發展與文化建設十分不利。

一、主題酒店文化的含義

（一）主題文化的含義

1. 什麼是文化

　　「文化」一詞的漢語源流始見於戰國末期的《易傳・系辭下》：「觀乎天文，以察時變；觀乎人文，以化成天下。」最終由西漢劉向在其所編《說苑・指武篇》中組合成「文化」一詞。文是文飾、文採，延伸為人文、文治之義；化是化生、化成、教化之義。中國的「文化」從開始即專注於精神領域，作為國家「文治教化」的縮略語，比較普遍接受的文化定義是：凡是超過本能的、人類有意識地作用於自然界和社會的一切活動及其結果，都屬於文化，或者說「自然的人化」，即文化。「自然的人化」包括兩方面：其一是人對自然的改造，其二是人類自身的進步。關於文化的結構，有物質文化與精神文化兩分說，物質、制度、精神三層次說，物質、制度、風俗習慣、思想與價值四層次說，物質、社會關係、精神、藝術、語言符合、風俗習慣六大子系統說，等等。文化的一般特徵是：第一，文化是人類創造的，是在人類進化過程中衍生出來或創造出來的。自然存在物不是文化，只有經過人的加工修飾、利用改造，才能成為文化。第二，文化是人後天習得的，文化通過載體是可以傳遞的。文化是人經過學習得到的知識和經驗，不是與生俱來的人的遺傳本能，是後天學習得到的，先天性的行為方式是不屬於文化範疇的。第三，文化是由各種元素組成的一個共有的複雜的體系，是建立在可傳遞象徵符號之上的。第四，文化是一個連續不斷的動態過程，具有不斷變遷的特性。第五，文化具有民族性和特定的階段性。

2. 什麼是主題文化

　　從文化的定義來看，主題文化是超過本能的、人類有意識地作用於自然界和社會的某類特定活動及其結果。主題文化是文化結構中的某一部分，包括物質和精神兩方面，比如：

　　溫泉文化是指人類在發現和利用溫泉的過程中所創造的物質財富與精神財富的總和，是對溫泉基本規律的認識、把握與駕馭的智慧結晶。溫泉文化包括對溫泉的形成、

地質條件、溫泉與人類關係、有關溫泉的文字記載及吟詠溫泉的文學作品、溫泉開發與合理利用、溫泉社會經濟效益的研究與實踐等。

茶文化是以茶為載體，並通過這個載體來傳播各種文化，是茶與文化的有機融合，這包含和體現一定時期的物質文明和精神文明。茶文化是茶藝與精神的結合，通過茶藝表現精神。茶文化興於中國唐代，盛於宋、明兩代，衰於清代。

名人文化是以名人為載體，傳播名人精神的文化。何謂名人？借用老子的話說「名可名，非常名」。因為名人是一種文化，是一種關於傳承與發展人類文明的文化，是一種關於振奮與張揚民族精神的文化，更是一種關於如何做人的文化，一種關於社會和諧的文化。名人以個性化的彰顯、獨特的建樹而影響他人、影響社會，從而得到他人的景仰而成為效仿楷模。

以上三種文化都屬於主題文化。由此可見，主題文化是動態發展的，可以拓展的空間很大。主題文化被引入酒店，成為酒店發展的精神和靈魂後，酒店便成為主題酒店。主題文化是主題酒店不斷創新的源泉，是主題酒店可持續發展的支撐和動力。

(二) 酒店文化的含義

對於傳統酒店而言，企業文化是酒店以組織精神和經營理念為核心，以特色經營為基礎，以標記性的文化載體和超越性的服務產品為形式，在對員工、客人及社區公眾的人文關懷中所形成的共同的價值觀念、行為準則和思維模式的總和。酒店文化滲透在企業一切活動之中，是企業的靈魂所在。建立企業文化的實質就是制定能體現人本主義的價值體系、經營目標、管理制度和服務流程。

通常，酒店企業文化具有以下五個方面的作用：

(1) 導向作用，即把酒店員工引導到確定的目標上來；

(2) 約束作用，即成文的或約定俗成的店規店紀，對每個員工的思想、行為都起很大的約束作用；

(3) 凝聚作用，即用共同的價值觀和共同的信念使整個酒店全體員工上下團結；

(4) 融合作用，即對員工潛移默化的影響，使之自然地融合到群體中去；

(5) 輻射作用，即企業文化不但對本企業產生影響，還會對顧客和社會產生一定的輻射影響。

二、主題酒店主題文化的作用

目前，酒店行業競爭加劇，在重複市場上，針對重複客戶，推銷重複產品，只能導致惡性的削價競爭。當一座酒店被賦予了一個鮮明的文化主題後，它便形成了自己的特色和風格，產品有了特點，客戶群有所區分，酒店市場才將相對規範。其文化不僅對單個主題酒店本身作用巨大，而且對於整個酒店行業也是意義重大。

相比傳統酒店，主題酒店具有傳統酒店無法比擬的優勢。從主題入手，把服務項目融入主題，以個性化的服務模式代替刻板的模式，體現出對客人的信任與尊重。具體而言，主題酒店文化的作用主要表現在以下幾個方面：

1. 引發注意力

目前全國星級飯店有 12,000 多家，酒店對很多人來說已經不再陌生，但是能給客人留下深刻印象的酒店卻不多。引發注意力，正是主題酒店建設的首要任務。作為一家主題酒店，首先要在文化形式上出新，以引發注意力。「眼球經濟」的流行，提升了市場觀念，同類產品繁多，要讓人選擇這個產品、這個酒店，首先需要吸引客人的眼球。在這個意義上，主題酒店的文化形式就是在發展旅遊酒店市場的「眼球經濟」。注意力必然引發消費的慾望，而通過入住和體驗主題酒店，加深了顧客對酒店的記憶，最終也吸引了回頭客。

2. 創造文化力

旅遊者外出觀光度假，無非是在尋求文化、購買文化、享受文化、消費文化；旅遊經營者則是在生產文化、經營文化、銷售文化。文化品位越高，獨特性越強，越富於多樣性，就越有發展前景。世界旅遊業發展經驗表明，特色是旅遊之魂，文化是旅遊之基，環境是旅遊之根，質量是旅遊之本。酒店經營管理人員和服務人員的文化素養需要不斷提高，首先就要有相應的追求，究其根本，就是要注重文化力的創造。

酒店是一種綜合性的服務企業，其空間、設備、物品等是有形的，但其服務是無形的，它用這種有形與無形的結合，為人們提供吃、住、行、遊、購、娛等多種產品和服務。因此，它與一般性企業在文化上有很大的不同。這種特殊產品需要通過員工對客人的直接服務加以實現，其生產過程就是人與人交往相處的過程。具體而言，就是服務人員給客人以服務的過程。因此，酒店服務人員本身的價值觀、理念、素質和服務水準直接決定著產品的質量。另外，酒店文化表現形式和環境氣氛等也直接關係著產品帶給客人的感受。一句話，酒店產品的文化性很強，文化是其靈魂與生命。

主題酒店能創造一種文化力，因為主題意味著特色。文化和科學技術一樣，也是一種生產力，社會的不斷進步，客觀上要求文化和經濟不斷融合，經濟中有文化、文化中有經濟，兩者密不可分。文化是靈魂，從品牌的角度，文化首先是品牌的核心價值；其次是在經營中突出酒店的差異性，進一步形成特色，增強吸引力，酒店的各個方面都要滲透文化，也要在各個方面體現文化。酒店文化最突出的特徵就是強調服務理念，或者說，就是酒店文化的核心──經營理念，酒店文化集中反應在服務理念上，以服務為出發點和歸宿。這又很好地對應了主題酒店的管理精髓──以人文主義精神為核心。

3. 形成品牌力

當今社會是一個品牌的社會，品牌在企業發展過程中的作用不容輕視。品牌是企

業和消費者之間的一種無形契約，是對消費者的一種保證。有品牌的產品和沒有品牌的產品相比，消費者更多地信賴和選擇有品牌的產品。隨著消費經驗的累積和運用，不管是對消費者還是對企業，品牌都能大幅度降低交易成本，並使企業有更強的競爭力。品牌產品在市場上價格較高，同時吸引更多的消費者，擁有較大的市場份額，自然更有機會實現自己的利潤最大化。品牌的核心是特色，酒店以獨特的風格和新穎的服務項目吸引顧客，這是最根本、最有力促銷手段。如果沒有強烈的品牌意識，經營就會出現短期行為，練好內功是延長企業興盛期的根本保證，打好品牌戰略是企業發展的基礎。主題酒店具有鮮明的文化特色，相比一般酒店，有著形成品牌的優勢。

4. 培育競爭力

主題酒店的創建，對於酒店自身而言，最終的目標就是培育酒店在市場上的競爭力。特色濃鬱的主題酒店是人性化高度體現的舞臺。獨特的主題文化，是吸引顧客的重要因素，也是達成顧客重複購買、成為忠實顧客的重要原因。而主題酒店的員工，是酒店主題文化的載體之一，是主題文化的傳播者，他們具備相應的知識與技能，能夠與顧客產生互動並進行良好的溝通，其忠誠度普遍高於其他非主題酒店。如鶴翔山莊的員工，幾乎全部都會道家太極功，一半的人具有養生技師的資格，這是酒店培養的結果，員工對酒店的忠誠度可想而知。

酒店的競爭力來源之一就是忠誠度，第一是客戶的忠誠度，第二是員工的忠誠度。要培育忠誠度，最大的要訣就是「以人為本」，即以顧客為本，以員工為本。

第二節　主題酒店文化主題的選擇

一、主題酒店文化主題選擇因素

（一）以需求為導向

主題酒店和一般酒店不同，在於它有一個明確的主題。用主題來統領建築和裝飾風格，用主題文化來襯托酒店品牌，主題特色決定了該類酒店的購買力。既然如此，主題就一定要能夠吸引目標市場，能夠滿足目標市場的需求。從心理學和經濟學的角度分析，這種需求由兩部分構成：一部分是欲求，是人們由某種物品引發的興趣和慾望，主題酒店產品所提供的那種特有的氛圍和服務就是刺激人們欲求的東西；另一部分是購買力。光是刺激人們的慾望，卻超過目標市場的購買力，也不能形成需求。所以，主題的選擇必須建立在目標市場的需求上，酒店選擇的主題不僅能提供市場需要的特色體驗，還要提供市場接受的價格。

科特勒指出，產品是提供給市場並引起人們注意、獲取、使用或消費，以滿足某

種慾望或需要的任何東西。所以酒店要推出以某種文化為主題的產品時，要滿足顧客需要時產品的基本特徵，必須從顧客的需求出發，不僅分析現實的需求，還要分析潛在的需求，從而滿足需求、創造需求、引導需求。在市場經濟條件下，市場需求決定產業的發展方向、發展規模、發展速度和發展前景。因此，主題酒店在主題文化選擇時，以客源市場的現實和潛在的需求為導向，去發現、挖掘、提煉、選擇主題，進而開發出富有特色的主題產品，將其推向市場，進而引導消費、開拓市場。例如，位於青城山腳下的道家文化主題酒店——鶴翔山莊，正是考慮到作為中國傳統特色的道家文化的文化精髓符合現代社會需求，道家的養生文化源遠流長，特別適合現代健康觀念和消費潮流，所以鶴翔山莊選擇了道家文化作為酒店的主題，取得了較大的成功。

（二）需考慮城市感知形象及區域文化

酒店作為城市的一類特殊的建築，是一道城市風景，是一處城市文化，是一個城市成員。酒店形象本身就是城市形象的一部分，所以酒店在進行主題選擇時，必須考慮到與城市形象的協調及區域文化的融合。

文脈是指主題酒店所在城市的自然地理、歷史文化傳統、社會心理積澱和經濟發展水準的時空組合。城市感知形象主要包括兩個方面的內容：一是本底感知形象，另一個是實地感知形象。本底感知形象是指在長期的歷史發展過程中所形成的對於某一城市的總體認識。實地感知形象是指旅遊者在遊覽城市的過程中通過對城市的環境、形體（硬件）的觀賞和市民素質、民風民俗、服務態度等（軟件）的體驗所產生的城市總體印象。一般來講，每一個城市對旅遊者都有一個趨於一致的感知形象。這種感知形象是城市在其形成和發展過程中，通過人類行為和自然相互作用所形成的與城市自身職能和性質相關的城市外部形象和內在特徵相統一的獨特風格。

主題酒店在選擇主題時要認真分析和研究所在城市的文脈內涵及城市感知形象。對於文脈深厚、城市感知形象鮮明的城市，主題選擇時就要考慮順應文脈及城市形象。對於文脈淺薄、城市形象淺淡的城市，在主題選擇時，可以突破文脈的框架，出奇制勝，塑造特色鮮明的個性化主題，形成差異化，有益於城市形象的優化和提升。

作為文化的特殊載體，主題酒店的主題選擇不僅要考慮所在城市的文化特點，而且要考慮所處區域的文化特色。主題的選擇同樣要考慮所處區域的文脈。因為不同的文化對不同的顧客有不同的吸引力，特定的區域文化將特定的顧客吸引到特定的區域內，這樣才能構成酒店的需求。因此，酒店的主題應該是對區域文化的概括和提煉，形成特色並爭取使酒店成為區域文化的縮影，以打造酒店品牌形象和提升市場號召力。成都市武侯區三國文化影響深遠，市場潛力巨大。成都京川賓館與著名旅遊勝地武侯祠為鄰，附近還有衣冠廟等遺跡。得天獨厚的區位條件和廣泛的市場接受基礎使得三國文化成為京川賓館主題文化定位的首選。普陀山雷迪森莊園酒店地處海天佛國普陀山核心景區，毗鄰「法雨禪寺」，面朝「千步沙」，背依錦屏山，酒店選擇「禪文化」

也就在情理之中了。

（三）能增強客人的體驗感

未來學家阿爾文・托夫勒在《未來的衝擊》一書中斷言：服務經濟的下一步是走向體驗經濟。美國的約瑟夫・派恩與詹姆斯・吉爾姆在《體驗經濟》一書中指出，所謂體驗就是指人們用一種從本質上很個人化的方式來度過一段時間，並從中獲得過程中呈現出的一系列可記憶事件。消費者在飯店中的體驗需求，從其心理需求上說，至少包括了娛樂體驗需求、審美體驗需求、尋求新奇的體驗需求、獲得學習的體驗需求、追求時尚的體驗需求和獲得自尊心與尊貴感的體驗需求以及自我價值實現的體驗需求等等。而這些體驗需求主要是通過主題活動獲得的。沒有主題活動的主題酒店會大大降低顧客的體驗感。因此，在選擇主題時要考慮到能否持續不斷地設計出與此主題相關的主題活動。拉斯維加斯的賭場酒店和中國的鶴翔山莊都有自己的表演活動，顧客可以盡興地觀賞。同時，主題酒店不僅要有觀賞性的主題活動，而且還要使主題活動對顧客有吸引力，能調動顧客積極參與。「參與」有「被動參與」和「主動參與」，主題酒店應把「被動參與」和「主動參與」有機相結合，使顧客體驗鬆緊適宜、相得益彰。有些活動顧客只需要以觀眾的角色參與；有些活動則要讓顧客以主演的角色參與，使顧客與顧客互為觀眾，相互欣賞，共同愉悅。普陀山雷迪森莊園酒店推出的「歡喜——禪修之旅」文化養生活動主客互動，情景交融，由此帶來了大批的回頭客。

（四）需融合多元文化

作為文化的特殊載體，主題設定必須建立在對古今中外文化透澈瞭解的基礎上。一方面，主題酒店概念本身屬於「舶來品」，且特定客源中也不乏外來文化的愛好者，因此，國際經典文化是主題酒店創意的重要寶庫；另一方面，中國五千年文化博大精深，更因其幅員遼闊，使文化具有多樣性從而表現得豐富多彩。主題酒店應該展示文化的多樣性，充分做足中華文化的文章。

從投資規模上講，中國的主題酒店與美國拉斯維加斯的主題酒店不可相提並論，但拉斯維加斯主題酒店的設計思路值得借鑑。深圳威尼斯酒店的成功（特別是對外來文化的兼容並蓄和揚棄改造）令人深思。主題酒店可以巧妙融合其他外國經典文化，把握合適的本土化尺度，突顯本國的、地域的、民族的文化內涵。當然，文化融合不能生硬和簡單地模仿，失去創新性的不中不洋「怪胎」式主題必然無法保持持久旺盛的生命力。其表現在中國特定的投資環節上，決策者必須對西方經典文化、投資地文脈有深入瞭解和把握，才能落下兩者交融的點睛之筆，否則可能會弄巧成拙。通過世界級設計專家的規劃優選，並結合中國區域文化專家的評審論證，應是比較合適的方法。

二、主題文化選擇需注意的問題

(一) 主題選擇應避免相似定位

主題酒店的經營應實施差異化戰略，所以在主題選擇上首先應該獨特新穎，這種獨特新穎應該要從顧客角度出發，能帶給顧客獨特的體驗感受。這就要求密切關注競爭對手，避免主題相似。如果競爭對手的主題定位已經很成功，那麼在進行酒店主題定位上就應該盡量避開，並且盡量做到相互補充，這樣既不會引起競爭者敵視，還可以創造彼此聯合發展的機會，建立良好的競爭環境，拉斯維加斯的各個主題酒店在這點上的表現就十分突出。另外，現代企業在經營過程中都講究核心競爭力，而核心競爭力的一大特點是具有不可模仿性。主題酒店的投資高，功能性退出壁壘高，所以主題酒店在主題概念建設方面必須具備一定的不可進入性，防止被競爭對手模仿，導致競爭優勢被破壞。一窩蜂做某一主題的現象應盡量避免。「主題酒店之都」──拉斯維加斯的一些成功經驗值得我們借鑑。拉斯維加斯主題酒店的主題多種多樣，有城市的、故事的、自然風光的等等，同時主題獨特新穎，具有一定的顧客認同度。不管是紐約酒店、巴黎酒店、威尼斯酒店，還是神劍酒店、阿拉丁酒店，其主題都具有相當的吸引力。這些主題酒店的主題豐富多彩，並且又以賭場為共性形成規模效應，彼此襯托，成為一個主題酒店產業群，使得顧客體驗更為豐富。

(二) 主題文化能否延伸和更新

主題進行延伸和更新是主題酒店持續成功經營的保障。和其他商品一樣，主題酒店的產品也有自己的生命週期。酒店的硬件設施一般要 5 年翻修一次，同樣，主題酒店的主題也需隨之延伸和更新，以使其優勢持續。延伸就是對原有的主題內容擴展補充，挖掘新的空間。迪士尼樂園就是主題延伸的典範。在迪士尼，遊客不但一直都可以看到米老鼠、唐老鴨等經典卡通形象，又會在最短時間看到花木蘭、泰山等最新形象的主題內容。這樣，它就在保留經典的同時不斷給主題以新的生命力，保持對不同年齡遊客的吸引力。在這方面，主題酒店應該吸取中國主題公園的教訓。中國主題公園為何大部分落敗，其中雖有許多原因，但從市場角度分析，消費者的「喜新厭舊」是個重要因素。許多主題公園剛開張時很火爆，兩三年後就走下坡路了。因為同一個主題的內涵及活動終究有限，在目前娛樂項目眾多的社會，消費者不可能只滿足於一種文化的體驗。酒店同樣如此，過於專業、狹窄和離大眾消費較遠的文化，因為不能深度挖掘其內涵，必然會隨著時代的發展和顧客的「審美疲勞」而被淘汰，因此都是不宜拿來做主題的。而這方面，硬石酒店又為我們提供了極有價值的經驗，硬石酒店出語不凡：「到我們酒店來的不是客人，而是全世界最廣泛的愛好搖滾樂的聽眾！」搖滾音樂的永不消逝及與時更新正是印證了其行李標籤上的經典搖滾歌曲「Hotel California」中的歌詞——「你可以不斷進進出出,但你永遠不會離去!」

(三) 主題選擇切忌缺乏理性的超大或全盤西化

主題酒店引人之處不在於規模的超大、超豪華,而在於文化定位,特別是符合本地經濟基礎和城市定位的文化特殊賣點,「巨無霸」模式並非總是成功的。歐洲追憶茜茜公主的懷舊主題酒店不僅面積小,設施也刻意維持當年的簡陋,遊客卻依然趨之若鶩。追求規模、過分西化是中國主題酒店最明顯的缺陷。杭州夢幻城堡效果圖,雖然也提到「中西文化融合」,但更多還是西方設計師對中國文化的看法,其中的「中西文化的融合」似乎顯得生硬。設計中有類似「三潭映月」的中國園林美景,加上凱旋門、金字塔、西式大型噴泉等外國文化表象,還有「威尼斯貢多拉式小船」,卻擯棄了中國傳統的西子湖畔韻味無窮的小畫舫,給人的印象不免怪異。我們認為,主題酒店應選擇更貼近中國經典文化的內容,符合中國人的道德、民俗倫理和欣賞標準,才可能更具長久不衰的生命力。本土文化是主題酒店文化獨特性不竭的源泉。只有民族的才是世界的,只有民族的才是持久不衰的。形成自身特色,運用中西經典文化進行完美融合,注意彰顯本土文化的優勢和魅力,在主題選定和表現上做到「人無我有,人有我新,人新我奇,人奇我特」,才能保持常新的吸引力,設計出中國主題酒店的誘人藍圖。

綜上所述,在打造主題酒店的過程中,我們要立足於顧客需求、宏觀環境,綜合考慮市場競爭狀況、主題文化的延伸和更新等多方面的因素進行主題的選擇。

創立主題酒店是一個系統工程,需要周密的考慮和謹慎的行動,以減少酒店經營的風險性,特別是要吸取一窩蜂建設主題公園的前車之鑒,絕不能簡單模仿。中國主題酒店的「文化融合」須做到:①全局性。全局性指事先有明確的文化特色主題,在規劃、風格等方面能達到設定的主旨,並充分符合當今、未來中西酒店文化的趨勢和旅遊潮流。②長遠性。體現在對未來酒店特定客源主體有較長期的調查預測分析。③適應性。要求對空間、時間均有良好的適應,隨著環境的改變而改變。④風險性。風險性指主題設定必須充分審慎,符合大眾(特別是特定客源主體)的審美要求。主題設定一旦失誤,改變和彌補是比較困難的,因此設定主題前,必須謹慎從事。

第三節 主題酒店文化品牌的延伸

主題酒店是酒店業激烈競爭的產物,酒店的主題文化品牌確立之後,要想保持文化品牌的價值持續性,就必須進行文化品牌的延伸。主題酒店文化品牌延伸動力來源於酒店業的競爭、創新與發展,來源於品牌所有者對最大利益的追求,來源於消費者對品牌價值和服務功能不斷提升的期望。

所謂酒店品牌延伸，是指酒店將其成功文化品牌使用到與傳統酒店產品不同的產品上，充分發揮成名產品的「名牌效應」，以形成系列名牌產品的一種策略。酒店品牌延伸能夠充分發揮其文化品牌效應，實現主題酒店的可持續發展。

一、正確概括主題酒店文化品牌的價值內涵

酒店品牌形象是促使消費者購買酒店產品的強大驅動力，擁有良好清晰的品牌形象是實現品牌競爭力的基礎，也是能夠快速並持久地吸引消費者的源泉。因此對於要進行品牌延伸戰略的主題酒店來說，首先必須深入瞭解主題酒店獨特的文化品牌價值內涵。只有這樣，品牌延伸推出的新產品才能強化品牌的知名度和美譽度，否則會造成酒店形象的模糊，淡化稀釋原有的文化品牌。對主題文化而言，品牌的核心價值如果已經牢牢地占據了消費者的心，若擅自去改變品牌的核心價值，就會引起客戶的迷惑甚至是強烈不滿，從而最終影響到品牌形象和品牌價值。具體來說，就是要明確酒店的主題文化定位及其所指。要在深入理解的基礎上提煉出高度概括性的語言，將這些濃縮、精練的語言在行銷中突出宣傳，讓消費者容易理解和接受。比如成都西藏飯店的主題文化是「藏文化」，是一種獨特的民族文化──藏族飲食、藏族舞蹈、藏式風格的建築等，消費者很容易理解，對其開發的藏式迎賓、藏宴、歌舞活動、藏族特色商品購物長廊都表示接受和喜愛（見圖2-1）。而成都芙蓉麗庭酒店提出的「芙蓉文化」卻讓消費者對其要表達的文化概念很模糊，在酒店的餐飲和客房只能感受到「芙蓉」是一種花。其實芙蓉花是成都市的市花，其文化在成都由來已久，相傳後蜀主孟昶曾在成都土城上遍種芙蓉，每當九月，芙蓉盛開，遠望則如錦如繡，名之曰「芙蓉城」。白居易有詩：「莫怕秋無伴愁物，水蓮花盡木蓮開」，木蓮是芙蓉花的別名。蘇東坡更贊芙蓉花性格是「喚作拒霜猶未稱，看來卻是最宜霜」。可見，芙蓉花傲霜綻放，深受人們的喜愛。如果將芙蓉花與成都歷史文化相結合，提煉出「芙蓉精神」，並與酒店企業文化相結合，以此確立文化品牌，則會延伸出更多值得消費者期待的產品和服務。

二、主題酒店文化品牌延伸的方法

品牌延伸分為產品線延伸和產品大類延伸。主題酒店產品線延伸就是把文化品牌使用到相同類別的新產品上。主題酒店產品大類延伸就是將文化品牌應用到與現有產品不同類型的產品上。主題酒店，「酒店」是核心，「主題文化」為酒店提供修飾和附加值，主題文化做得好可以提升酒店的價值和內涵。品牌延伸就是要把主題文化轉化到酒店的實體產品中，而且新產品的質量和價值要與主題酒店的檔次規格一致。

圖 2-1　西藏飯店藏文化展示

　　酒店產品線延伸就是以一個產品為基礎，經過不斷的研究和創新開發出以此產品為基礎的系列產品，主題文化始終貫穿其中。比如四川雅安西康大酒店，是中國首家「茶」文化主題酒店。酒店將藏茶之極品與國粹文化有機結合，開發出「茶之韻」牌藏茶工藝品，並且不斷對藏茶內含有的特殊香氣化合物進行研究並開發出一系列的藏茶產品，不斷提升「茶之韻」牌藏茶的觀賞性、醫療性、適用性和再循環適用性。

　　酒店產品大類延伸就是圍繞主題文化的內涵，開發出與文化內涵緊密相關的其他產品。比如以「國賓文化」為主題的北京釣魚臺國賓館（見圖 2-2、圖 2-3）：酒店客房有政要套間、大使套間、總統套間等；園區、樓苑和各種場所處處都顯示出尊貴氣質；酒店餐飲採國內菜系之所長，形成「清新淡雅，醇和雋永」的釣魚臺餐飲，被國內外賓客稱為「釣魚臺菜」，釣魚臺國賓館已在歐、亞十多個國家和地區舉辦了「釣魚臺美食節」；釣魚臺國賓館經歷近六十年的國賓接待，其「國賓服務」已形成了提供國賓車隊、開餐儀式、茶藝表演、會展服務等特色服務項目；酒店還設有精品店，商品有釣魚臺總統酒、國賓酒、釣魚臺圖蘭十字堡紅酒等酒類，釣魚臺菸類、茶類、咖啡類、餐具、茶具、咖啡具類、文具類、皮具類、工藝品類、服裝類等。所有的產品豐富多樣，高檔豪華，都從設計和品質上體現出酒店的特色和定位。通過文化品牌的延

伸，豐富了酒店的產品體系，增加了收益，更強化了酒店的核心品牌特色。

圖 2-2　北京釣魚臺國賓館外觀

圖 2-3　北京釣魚臺國賓館餐廳

此外，較特殊的一點是，酒店產品除了有形的實體產品之外，還有無形的服務產品。主題酒店文化品牌的延伸自然也可以是酒店服務產品的延伸。主題文化品牌的核心價值元素（品質、創新、可靠、信任）都可以延伸到新產品上去。比如廈門如是酒店就通過主題活動和服務進行了酒店文化品牌的延伸。廈門如是酒店（見圖 2-4）是全國首家「禪文化」主題酒店，酒店早餐只提供素食，定期有佛學講座、國學講座等活動，此外在服務方面更是為消費者體驗禪文化提供眾多便利：酒店大堂免費提供離酒店 10 分鐘路程的散布圖，一份朝拜地圖，內容為廈門周邊各個寺廟的法會，還規劃

建設附近 5 分鐘路程遠的南普陀寺和紫竹林。這些小小的延伸服務產品成本不大，但展示出酒店為消費者服務的真誠，與主題文化的品質很貼近。

圖 2-4　廈門如是酒店

　　主題酒店在實施文化品牌延伸戰略時，要考慮酒店針對的主要市場，因為主題酒店本身就是在市場細分的基礎上產生的，這樣策劃出來的產品才會被消費者接受。同時新產品必須與主題文化緊密聯繫，既表現出文化的獨特又使文化品牌得到強化，反之，則會模糊酒店的主題文化在消費者心中的印象。此外要注意的一點是，酒店的基本功能是提供休息的場所，主題酒店延伸出來的商品或者主題活動要以不影響酒店客人的休息為前提。不能把酒店購物長廊策劃得像個大賣場，更不能簡單地把商品擺放到客房佔用客人的個人空間，甚至引起客人的反感，降低酒店產品的檔次。

　　主題文化產品是主題文化內涵的表象，建設主題文化酒店的實質就在於通過推出主題產品來強化主題內涵價值。因此，主題文化產品的設計要能夠充分反應主題文化內涵，並且在各個主題產品之間形成一種相互映襯、和諧一致的氛圍。為了延長主題文化酒店的生命週期，滿足人們不斷變化的個性需求，需要不斷地挖掘和擴充主題文化內涵，並通過對主題產品的創新，不斷豐富主題的表現形式和載體，與時俱進、推陳出新，最終使主題文化酒店長久不衰。

三、主題酒店文化品牌延伸成功與否的判定

　　消費者是品牌延伸是否合理的最終裁定者。

　　主題酒店的文化品牌延伸針對的就是市場細分前提下的消費者群體，因此在進行品牌延伸之前酒店要做深入細緻的市場調查。比如酒店歷來的消費者性別、年齡、居住地、消費能力、對主題文化的瞭解程度和感興趣程度、可否接受、對酒店所在地地

域文化的瞭解和感興趣程度、消費者的期望、提出想要參與的與主題文化相關的體驗項目等。這些都可以為酒店的主題策劃提供參考，從而為消費者提供更獨特、貼切的服務。

同時，主題酒店行銷的目的就是讓消費者瞭解主題酒店文化的獨特性以及與非主題酒店的差異，從而吸引消費者。酒店通過融入主題文化的獨特服務為消費者提供非主體酒店沒有的體驗，並通過文化品牌延伸創造新的產品系列，如果酒店的主題文化策劃和品牌延伸是成功的，消費者就會購買新產品，甚至會主動宣傳酒店特色。比如北京釣魚臺國賓館的餐飲，由於口味極佳、極具品味和特色，顧客自創名字為「釣魚臺菜」，這就是一種主動宣傳。再如四川成都的京川賓館，消費者自願用「三國賓館」來稱呼酒店，這就是酒店三國文化品牌延伸成功的表現。

但是品牌延伸也是具有高風險的。出色的品牌，延伸不好則很可能出局。品牌越強勢，其在消費者心目中的形象越明確和清晰，而進行品牌延伸的風險也越大，因為消費者很可能直接將對原有品牌的認知轉移到新產品上去，而這種認知卻又不一定適合於新產品。比如「麥當勞」做飛機，就不敢叫「麥當勞」，而是叫「麥道」飛機，因為消費者對「麥當勞」品牌的認知是歡樂和美味，而不是安全和舒適。

案例1　如何完美打造精緻的藏文化酒店

西藏飯店於1988年開業，1999年明確提出打造藏文化特色的酒店。這是一個較長的發展過程，它是一個從樸素西藏情結到文化理念的轉變，從模糊的特色化建設到全面細膩的主題文化經營的提升，從藏文化元素與現代時尚相結合的局部向全方位建設的邁進。

一、藏文化主題的提煉

藏文化是什麼文化？共識的詞是：神祕，信仰。藏民族善良淳樸，一句「扎西德勒」表達了美好祝願。扎西德勒意為吉祥如意，因此，西藏飯店將「吉祥文化」確定為酒店主題文化的精神內涵。祈願吉祥，傳遞溫暖，成為西藏飯店工作人員的工作方向。

以藏文化作為特色經營的主題得到了員工發自內心的認同和擁戴，因為大多數員工是在「老西藏精神」鼓舞中鍛煉成長的，有著深厚的西藏情結，藏文化主題也是在他們不斷地澆灌中開花結果的。

應該說，飯店藏文化主題的提煉，更得益於酒店主題文化的哲學理念的樹立，即「和諧創造快樂」，我們努力通過一系列創造性的主題文化活動，傳播並促進民族和民族間的健康和幸福。將不同的人、不同的語言、不同的宗教信仰、不同的文化印象連到一起，分享情感和夢想，傳遞幸福和溫暖。西藏飯店通過營造一種主題文化超越個人的環境，促進文化的跨域運作和教育，促進人與人之間的對話。

二、藏文化元素符號與硬件的嫁接

西藏飯店藏文化主題創建過程中有始終堅持的原則：「神似」而不是「形似」；「元素符號的提煉」而不是「原搬照套的堆砌」；「源於傳統的延展模式」而不是「無根源的文化杜撰」。應該說，在飯店各個區域都體現出文化提煉的原則，始終指導著飯店展演和挖掘文化。飯店強調的是藏文化酒店，而不是藏式酒店。

(1) 藏地藝術嫁接，掛毯作為中心藝術品凸顯。在藏傳佛教中有一種藝術表現形式叫作唐卡，通過彩繪、印製、手織等成型，往往用於供奉，其內容主要表現的是宗教的神與法；在西藏民間有手工編織的藏氍，其題材主要表現人們對自然生態的憧憬與向往；在藏家和寺院，藏香作為祭神和供奉的重要物件，每個地方都能見到、聞到和感受到。在飯店大廳，在淡淡的藏香中，顧客能看到融合這些民間的藝術嫁接而成為飯店的一組中心藝術掛毯——《天路》《佛光》《淨化》和《聖地歡歌》。中心藝術品的完善，突出了飯店的主題文化特色，提升了整體藏文化氛圍。

(2) 文化藝術嫁接，購物店變文化廊。「八廓街」是圍繞大昭寺的一條轉經通道，也是著名的購物環線，因此，飯店下決心摒棄原來飯店的各種精品屋，重新裝飾商場，引入具有特色的西藏物品專賣店，形成了藏文化購物長廊。長廊陳設有藏茶、藏香、藏飾、藏裝等；還有彩釉鑲嵌漆藝唐卡畫，圖案全部採用貴金屬絲，全手工鑲嵌，天然色晶石粉著色點彩。在這裡，地道傳統的、現代時尚的西藏物品，共同演繹著「西藏印象」。

(3) 符號元素嫁接，打造藏韻客房。在客房，藏文化符號與元素的應用突出表現在對「山」「佛」的理解。我們強調，主題飯店首先是酒店，必須在酒店的基本屬性上給予充分滿足。通過形狀、色彩、圖案等感官形式，在滿足功能的基礎上，強調舒適度和人性化，給人以「家」的體驗，領悟「佛」與「福」的存在。地毯上祥雲的符號，家具似大山樣的梯形特徵，佛珠，全方位旋轉的轉經筒電視櫃等，將祝福帶給每一位入住的客人。

(4) 在新餐飲會議中心，飯店將傳統的餐飲會議區嘗試分區來營造主題，從大堂吧、藏式花園，到香吧，您能感受到的是香味的文化；從亞克咖啡廳、吉祥藏宴廳，再到甲拉書院，您能感受到的是雪域之舟——牦牛的文化；從紅宮、夏宮，再到朗瑪廳、熱巴廳、堆諧廳等，您能感受到的是西藏的歌舞文化……同時，將主題文化和特色服務植入到接待流程中，以進一步提升和整理飯店的氛圍。

三、藏文化尊崇與服務的契合

藏民族尊崇溫和、善良、恭敬、謙遜的美德，在日常生活中無不體現。飯店通過植入的方式一一展示，祈福吉祥、傳遞溫暖。飯店是主題文化推廣的載體，員工是飯店的載體。文化的精神內涵只有通過服務才能更好地傳遞。

(1) 設定飯店的服務禮儀——藏式見面禮、迎賓禮儀。在飯店任何一個地方遇到

服務員，你就會先聽到一句問候語——「扎西德勒」，服務員雙手合十，略低頭帶著微笑地看著你；或者身著藏裝，手捧哈達和甜茶的服務員唱起優美的藏歌，歡迎客人的來到，代表著飯店對客人最吉祥的祝願；進入客房，員工立刻送上藏茶；進入餐廳，身著藏裝的服務員，手敲熱巴鼓，獻上五彩哈達。

（2）設定藏文化體驗流程，包括：

①藏服飾體驗。穿上貴族藏裝在飯店拍照留念。

②風情體驗。不一樣的工作時光，不一樣的歡樂時光。藏民族是一個能歌善舞的民族，素有「能走路就能跳舞、會說話就能唱歌」的美譽。在西藏，不時就能看見藏族婦女邊勞作邊唱歌的情景，這種工作與生活的習性，流露出原生態的美。飯店大膽地打破常規，鼓勵員工工作時可以唱歌，並嘗試性地在大堂酒吧每晚演繹「歡樂時光」；琴聲繚繞中，藏族姑娘、小伙兒邀請客人共同點燃酥油燈，一邊清唱著西藏民歌，一邊給客人敬上一杯青稞酒抑或一盅藏茶，共度歡樂的時光。

③美食體驗。主題美食嫁接，塑造「紅宮」品牌。「紅宮」是布達拉宮的組成部分，宴會廳命名正是取意於此。紅宮歌舞餐廳始創於20世紀90年代初，是全國第一家藏式歌舞餐廳，獨有的歌舞伴餐的形式，讓來自世界各地的客人體驗藏式風情；紅宮「雪域貴族宴」是傳承中的創新，每到各地推廣就能掀起一陣雪域之風，甚至連美國前第一夫人米歇爾也在2014年3月訪華期間，慕名嘗了「雪域貴族宴」；紅宮迄今為止更是接待了2,000多對新人的婚慶大典，特別是獨具風情的藏式婚典，一直為人們所津津樂道。正體現了「紅宮喜宴，真情一片」這句朗朗上口的廣告語。

④康體體驗。藏密精油推拿、藏式火療、滾石天體按摩、喜馬拉雅水潤療法等多種項目，不但能讓客人們獲得身心的呵護，放鬆自己，還可以感受來自雪域之巔的藏地風情。

（3）促進服務的體驗。設立各種活動，增進與賓客的互動，例如果客人找到房間內的3個藏文化特色，就能獲得藏式小禮品一份；參與飯店綠色行動，可以預約免費感受客房內藏藥泡腳等。

（4）在飯店內部管理中，鼓勵和要求每個部門每年至少有3個藏文化服務的創新。在飯店標準化建設的過程中，管理人員專門制定了一套主題服務控制程序，為主題建設和服務的融合奠定了很好的基礎。

四、藏文化習俗與活動聯動

西藏飯店通過開展各類活動，讓藏文化從西藏走到成都，再從成都走向世界。

2000年，在川、藏政府和行業主管部門的支持下，西藏飯店成功地沿川藏線舉辦了「四川西藏『心連心』追尋夢中彩虹旅遊攝影採風」主題活動，宣傳了沿途旅遊資源。2002年，飯店與川內知名房地產商聯合，在拉薩市布達拉宮廣場舉辦了「首屆西藏—四川房地產交易博覽會」，引起海內外媒體的強烈反響。2006年藏曆新年，聯合四川廣電集

團在嬌子音樂中心舉辦「藏曆火狗新年歌舞晚會」和「西藏音樂高端論壇」。在「逢節必過」的傳統下，飯店堅持以藏文化為主題，通過活動來讓客人體驗和感受藏文化，增收創利，強化品牌和口碑。飯店每年每季都推陳出新，各類藏民族的節日和活動一直貫穿整年的經營和宣傳中，先後推出：雪頓節藏文化主題展演、藏曆新年祈福會、綠色高原美食節、邊走邊唱天上西藏，以及各種風格不同地區的美食專題周等活動。這些主題特色文化活動的開展，不僅讓飯店在藏文化主題建設和經營服務兩個方面進步明顯，更使飯店取得了顯著的經濟效益，同時營造出鮮明的主題和濃鬱的藏文化氛圍。

另外，飯店積極將主題文化和企業文化對接，依託飯店的平臺，整合資源，舉辦活動。飯店一直致力於為西藏阿里地區佐佐鄉和日喀則市皮久村「強基礎、惠民生」工作做出努力，修建水渠，解決供電問題……讓吉祥溫暖得以傳遞。

圖 2-5　西藏飯店雪頓節活動

五、藏文化延展與產品的開發

主題酒店僅僅是個載體，文化需要物化，當文化有了產品，形成了產業鏈，它才有了勃勃生機。「西藏的文化，世界的思考」是飯店在文化延展和產品開發中的主要思路。飯店在日常經營和服務中，傳承和挖掘藏文化的精髓，成立專題組，深入研究，開發價值，不斷創造性地推出了「紅宮手撕牛肉」「彩釉鑲嵌漆藝畫」「甲拉藏茶系列」「新藏瓷」「主題定制郵品」以及「藏文化購物長廊」等文化品牌。通過文化延展，產品設計，不僅讓飯店在非主業渠道上取得了額外的收益，更重要的是，延展創造出來的產品豐富了飯店的文化氛圍，還讓整個主題文化的推廣獲得了更多的渠道和口碑效應。

在成都西藏飯店，吉祥如意不僅是願望，而且是願望的實現。扎西德勒，不僅是簡單的問候語，而且成為全店上上下下的文化追求。為了創造藏文化酒店，實現酒店

的可持續發展，西藏飯店學習挖掘與弘揚之路還很長。

案例2　中國首家禪文化主題酒店創意與籌劃紀實

　　中國首家以禪文化為主題並榮獲「中國十佳主題酒店」殊榮的雷迪森莊園酒店位於國家重點風景名勝區普陀山，毗鄰法雨寺。在一片蔥蘢蒼翠的參天古樹掩護下，這座莊園隱約可見。門前大片花草綠地，正面五棵參天古樟，通往佛頂山的香道蜿蜒而上。樹石簇繞，加之中國傳統的建築風格，一眼瞧去，幾乎讓人誤以為這是一座剛完成整修的古樸宅院。入口右側有一堵青瓦白牆，上書五個濃黑大字——「常遊畢竟空」。據說這五字取自《華嚴經》中的一段偈語。踏上木板平臺，背對莊園，遠眺便是著名景點千步沙、五祖碑亭和蓮花洋，一水之隔的「海上臥佛」洛迦山也收入眼底。

圖2-6　酒店門口

　　走進酒店，並不見華麗鮮亮的顏色，而多為素雅的木質桌椅板牆。大堂放置兩組根雕，刻有兩僧一跪一立正拜師求法。穿過餐廳走廊，抬頭看見院中矗立一棵二人環抱的古樟樹，是普陀山第二大樹，已有800多年樹齡，主幹正好從整座酒店中心的四合小院衝天而出，宛如一把大傘，與建築相得益彰。酒店一樓專門設有一間禪房，供賓客參禪論經。酒店配有素齋和各種菜式，所用餐盤均是「骨瓷釉下彩」定製，盤面上下共有九朵蓮花，骨碟底下還有一朵蓮花，用意為九九歸一，圖案取自藏傳佛教用品。轉到電梯廳，見一長幾上置一獨木舟，上站兩人均慈眉善目，意為「普渡眾生」。

　　從前臺拿到的房卡上有一個大大的「緣」字；房間裡的服務指南手冊印作「有求必應」，意見徵詢表印作「有應」，行李牌印作「放下」，礦泉水瓶標籤印作「淨水」，購物袋上印著「空不礙有」，打開衣櫃還看到一個長形布袋，印著「心香」二字，為房客進香之用；返回前臺又看到結帳卡印作「不肯去」，找零錢的紙袋印作「有

41

餘」……

　　這家酒店各個細節都滲透著佛文化，隨處隱含著禪機，悄然間讓人心境安定，煩惱漸消。

圖2-7　禪修項目

　　雷迪森莊園的投資管理方——雷迪森旅業集團，是由省屬國有控股公司浙江國大集團全資組建的、專業從事旅遊投資管理的大型旅業集團公司，註冊資金逾1.2億元，總部設於杭州。雷迪森旅業集團於2005年形成普陀山雷迪森莊園投資意向，2007年與普陀山銀海飯店正式簽約啟動改建普陀山雷迪森莊園項目。從最初的構想、規劃設計、建造，到後期的裝飾布置，一貫秉持「養生、禮佛、低調奢華」的基本理念，酒店將普陀山佛教文化融入精品酒店經營文化，因此在項目實施的各個環節都謙卑求教山上高僧，求取禪文化特色。該酒店包含的佛教文化特色印刷品、物件、裝飾乃至一些禪茶儀道，大多徵自佛教界名人、高僧的意見；酒店工作人員更遠赴日本、泰國、印尼等國家搜集佛教藝術精品來裝飾酒店，豐富酒店內涵。

普陀山雷迪森莊園是集團重點打造和推廣的精品項目之一，雷迪森莊園必須做好「禪文化」文章，有文化內涵的酒店才能保持長盛不衰。該莊園無論從軟、硬件設施來看，其簡約、低調而奢華的品質，都已超越了一般度假酒店的範疇，因此經營模式也有別於其他酒店。莊園經營策略旨在培育和做大一個具有鮮明地域特色的經典文化產品，在普陀山乃至中國引領禪文化生活方式。為了延續和強化這種文化特性，莊園將把持續提升酒店服務內涵作為一貫追求，不定期邀請當地法師到店講經授課，指導入住賓客在此禪修，莊園儼然成為佛教人士的活動場所。

圖 2-8　禪修活動

本著「建築為形，文化為魂」的理念，以「禪文化」為主題的普陀山雷迪森莊園一經面市，便在業內引起了強烈反響，獲得了眾多的專業好評。普陀山雷迪森莊園獲得「2012 星光獎之中國十佳主題酒店」、榮膺 2013 年浙江旅遊總評榜「最具特色十佳度假酒店」、2015 年蟬聯「金口碑」中國優秀度假酒店，並被授予浙江省主題文化酒店金鼎獎。酒店以常年的「一房難求」為業界嘆為觀止，平均房價居千不下。

酒店前任總經理說：「即便在商言商，對普陀山雷迪森莊園的市場盈利前景，我們也毫不擔心。我們更看重的是做一家有文化的酒店，為海內外香客、信徒提供一個清淨安心的飲食起居之所，進一步提升和豐富雷迪森品牌的價值和內涵。」的確，只有對文化品牌的執著追求和對酒店產品的精耕細作，才會鑄就傳世經典之作。

03

第三章
主題酒店的創意設計

如何將已經確定的主題文化內涵有機地貫穿到整個酒店的氛圍與功能之中呢？此時我們需要對主題酒店進行創意設計，將主題文化以適當角度及程度融入酒店的吃、住、遊、購、娛等要素中，讓顧客既能看到又能感受到。即可以通過主題景觀和主題建築等外在實物的表徵來透視酒店的主題，也可以透過主題裝飾物等內部的實物表象來展示酒店的主題。主題酒店不是主題和酒店的簡單組合，而是系統細緻地將主題文化由表及裡全方位立體化地融入酒店經營的各個環節。本章從主題氛圍營造、酒店外觀及空間、主題產品和服務四個方面來介紹主題酒店的創意設計。

第一節　主題酒店的氛圍營造

主題酒店是一種新的理念，它要求酒店明確自己的主題，並將該主題滲透於酒店的各個空間和各個經營環節，由此在酒店立體、全方位營造主題文化氛圍，最終帶給顧客獨特而強烈的文化感受。

一、主題酒店氛圍含義

氛圍一般可以理解為對環境功能性與功利性的設計過程，也可以表達為是特定環境所傳遞出的潛在信息，其存在於環境內，又並不完全被環境所掩蓋，其借助有形因素向外延伸，引發觀者的生理或心理反應，給他們提供對環境的現象機會。主題酒店的氛圍是指在主題酒店營運中，其硬件和軟件共同作用傳達出的主題文化信息及帶給顧客的精神感受。對於主題酒店的消費者而言，主題酒店的氛圍是他們體驗主題酒店最直接的途徑。因此，通過氛圍來營造、突出酒店的主題，並在主題濃鬱的氛圍中提供特色服務，讓顧客體會到差異化的文化感受，是主題酒店經營者值得關注的重要內容。

二、主題酒店氛圍營造的重要性

1. 主題酒店的氛圍可以體現出酒店鮮明的文化性

鮮明的文化性是主題酒店得以生存和發展的資本，通過酒店外觀及建築風格、內部裝修與布置、服務人員的服飾、語言及服務方式等營造獨特氛圍，從而體現出酒店鮮明的文化性。

2. 主題酒店的氛圍形成酒店差異化，從而獲得競爭優勢

主題酒店通過文化主題的引入，圍繞主題營造一種高品位、全方位、連貫性的氛圍，形成區別於競爭對手的差異化形象和品牌，達到了酒店競爭力的提升。

3. 主題酒店的獨特氛圍可以滿足顧客差異化需求，從而形成顧客忠誠

主題酒店提供的產品不能僅限於滿足客人對於食宿的基本需求，而要整合各個要素形成滿足顧客個性化需求的氛圍，使顧客從中獲得難忘的體驗。主題酒店氛圍的深度營造也會激發顧客強烈的感情認同，使顧客獲得獨特、難忘、持久的感受，從而形成顧客忠誠。

主題酒店氛圍營造過程中存在以下問題：

（1）強調氛圍是物質環境設計的結果，在酒店的設計和經營過程中過分依賴硬件

的建設，認為只要是通過硬件能體現出主題，顧客就必然會感受到酒店特有的主題文化。但是由於缺乏服務性的文化導入，顧客雖然可以感受到酒店的不同，但無法形成對主題文化的理解與認同。

（2）認為氛圍營造是相對靜止的狀態，只需要在酒店建設或改造時進行一次氛圍營造，主題文化就可以持續不斷地被顧客接受和理解。實際上主題文化雖然相對穩定但其是在不斷更新變化的，如果主題氛圍不隨文化而變化的話就會被文化所拋棄。

（3）功能結構不合理。有些主題酒店只在文化形式上大做文章，忽略了自己的主要功能，造成功能服從結構，結構服從形式，似乎文化形式成了最重要的問題。

（4）與周邊環境不協調。目前中國有的主題酒店在挖掘中國歷史文化和傳統文化時，與地域特徵結合得不合理；還有的主題酒店過分西化，沒有考慮飯店所在地的具體形象，就直接照搬異域文化。

三、主題酒店氛圍營造的模式

環境是由一些實體因素組成的有機體，可以直接滿足人的生理或功能需求；而氛圍是這些實體因素傳遞出的潛在環境意義，是一個獨立於這些實體全新的知覺集合體。因此，環境是氛圍表達的介體，氛圍是環境設計的目的，同時也遵循環境心理反應的機理。

環境知覺原理強調人與環境的相互作用，同時認為人對環境的感知是一個信息過濾的過程，赫伯特·西蒙（Herbert A. Simon）根據此理論提出人腦中的感知—反應模型（圖3-1）。環境知覺是個體或群體感知環境信息的過程，此時視覺、聽覺、嗅覺、觸覺等感覺均參與獲取環境信息。不同的感覺相互加強或削弱，如果提供的信息相互配合，就能形成更豐富、更強烈的環境氛圍。根據這一原理，當顧客進入酒店時，通過對室內建築環境、人員以及營業體現等各類知覺的體驗，形成他們對主題酒店氛圍的生理感受，在此基礎上得出對酒店環境的整體心理感受，最後形成對酒店的高層次的情感反應，對酒店氛圍的認同以及對主題酒店文化的理解等。

在環境知覺理論的框架下服務行銷專家比特納（Bitner）通過對服務環境和顧客態度之間的關係研究，提出服務景觀模型，本文對服務景觀模型進行改進，改進後的模型如圖3-2所示，其主要觀點是環境中的人（包括顧客和員工）在受到環境刺激後產生認識、情感和生理上的各種反應，顧客和員工之間通過一系列社會活動相互影響，最終形成對環境積極或消極的態度。

同樣在環境知覺理論的基礎上，普爾曼和格魯斯（Pullman & Gross）建立了服務體驗模型，這個模型闡述了如何使顧客獲得滿意的服務體驗。他們的主要觀點是，首先需要對體驗環境進行針對性設計，然後使顧客投入到體驗環境中去，與體驗環境形

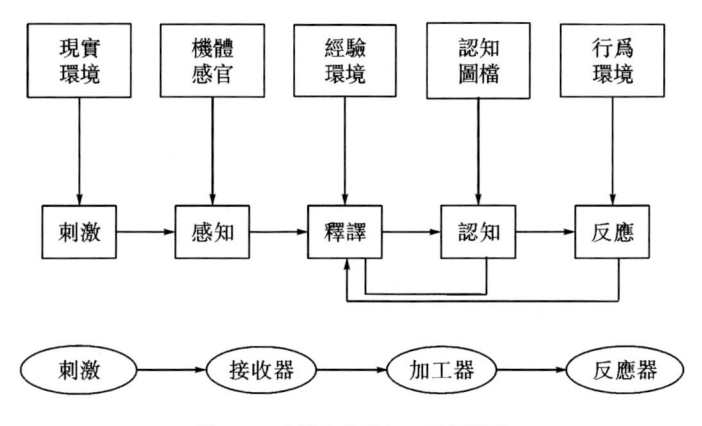

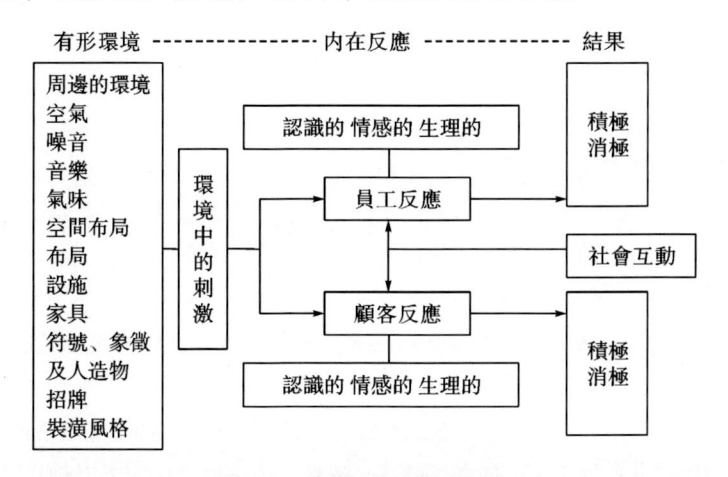

图 3-1　人脑中的感知—反应模型

成良性互动，这种互动如能持续一段时间，就会实现顾客忠诚。

图 3-2　改进后的服务景观模型

以环境知觉理论为研究框架，根据改进后的服务景观模型和服务体验模型的研究方法得出主题酒店氛围营造的模型（图3-3）。主题酒店的氛围营造决定了顾客在酒店中获得的感受，并影响其对酒店的态度。消极代表顾客对酒店氛围的漠视或对抗，这种态度的结果是选择离开；积极代表顾客在酒店氛围中找到了归属感，愿意在这样的氛围中继续停留，并与这样的氛围进行良性互动，这种态度的结果是顾客在非常满意的基础上形成顾客忠诚。可以看出主题酒店氛围营造的模式反应了顾客在氛围中的感受和心理反应，以及产生行为结果的传导机制。主题酒店的氛围营造在酒店设计和经营过程中都是至关重要的。

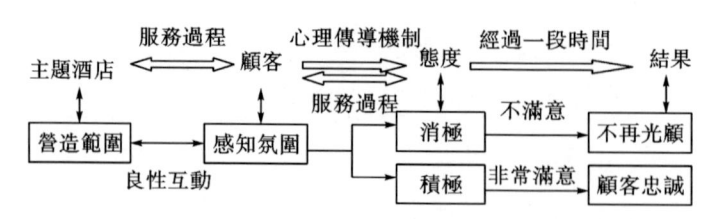

```
主題酒店 ⇄ 顧客    心理傳導機制   經過一段時間
   服務過程        態度          結果
                   ⇅
  營造範圍 → 感知氛圍 → 消極 — 不滿意 → 不再光顧
         良性互動  服務過程  積極 — 非常滿意 → 顧客忠誠
```

圖 3-3　主題酒店氛圍營造模型

四、主題酒店氛圍營造的方法

通過對主題酒店氛圍營造模式的分析，我們可以知道營造氛圍的主要目的是通過各種要素組合，全方位對顧客產生刺激以引起顧客的反應。顧客可以通過視覺、聽覺、嗅覺、味覺、觸覺等五個方面去感受酒店營造的氛圍，所以酒店可以從以上五個方面出發去營造主題氛圍。

1. 視覺

根據視覺支配原理，即視覺在環境知覺中佔有支配地位，其他感覺所提供的信息可以依靠視覺來強化它的作用。視覺可以感受到形狀、色彩、物件、圖案等等。形狀是最具符號表現力和最能傳神的文化元素，形狀的設計運用，能體現主題飯店應有的「識別性原則」。色彩，主題酒店應該有與主題和諧一致的標準色，這種標準色是主題酒店所有設施與產品的基本色，在此基礎上進行其他色彩的搭配和變換，以色彩傳遞主題。物件是飯店採用最多的符號和元素，客人更多是通過各個細節所擺放的物件，去體會酒店所營造的氛圍及其中的文化。圖案，是指一切可以體現酒店文化內涵符號和要素的藝術作品，例如照片、畫、掛毯、地毯和圖案等。如西藏飯店的大堂、走廊、餐廳、茶吧以及客房等處，壁畫、唐卡、掛毯、地毯、藏繡等藏文化作品巧妙地裝飾其間，不僅無聲地向客人傳達著藏文化的博大精深，同時向客人打開了一扇扇瞭解尋夢西藏的窗口，如圖3-4、圖3-5所示。

圖 3-4　掛毯

圖 3-5　藏綉

2. 聽覺

音樂可以促進銷售、喚起購物慾望、減少感知消費時間。音樂的節奏、音量、前奏，前景與背景音樂的使用，甚至可以對無意識關注的顧客產生影響。不同主題的酒店適合不同類型的音樂，音樂又會提升酒店的氛圍；特定區域的歌舞表演往往是主題酒店的招牌，是吸引顧客的典型項目，在表演過程中增加互動活動，既給顧客全新的體驗感受又為其提供了交流的平臺，同時是對酒店主題的進一步烘托。漫步在鶴翔山莊的任何地方，裊裊的道家音樂空靈舒緩，令人神清氣爽、忘卻塵世。這樣的音樂增添了鶴翔山莊的道家文化氛圍，深化了道家文化主題。

3. 嗅覺

每個酒店都應該有自己的香型，應該有一個可以讓人記住又回味悠長的氣味，這種獨特的氣味正是每個主題酒店獨一無二的標示。所以可以通過香型的渲染達到營造氛圍的作用。每位剛一踏入西藏飯店的顧客都會感覺到芳香繚繞，暗香襲人。這就是西藏文化中另一個重要元素——藏香，它不但味道特別而且具有清心去穢的神奇藥效。藏茶是藏文化中最生活化的元素，將藏茶磚壘成一面牆，猶如布達拉宮的宮牆，讓人一進入茶室就聞到一股似茶非茶、似香非香的溫馨味兒。將藏茶裝到金黃色的布袋裡，用紅線綉上六字真言放到客房裡，讓客人在茶香中悠然入夢，一覺醒來頭輕目明。藏茶吧，藏茶枕都從嗅覺上給客人以刺激，讓他們沁浸在藏文化氣息中。

4. 味覺

酒店提供給顧客最基本的產品就是住宿和餐飲，餐飲是酒店的基本業務也是直接決定客人態度的重要部分。所以在主題酒店氛圍營造中，味覺就是必不可少的重要組成部分。飲食是最具有文化特色的，不同地區、不同民族、不同文化飲食內容和習慣都不一樣。通過品嘗美食可以獲得不一樣的感受，產生不同的感覺，這種感受是對特

色文化的進一步體會。

5. 觸覺

讓顧客參與主題活動，成為活動中的某個角色，親身體驗，是主題酒店觸覺發揮效力的一項舉措。參加主題活動，顧客、員工及酒店三方互動、交流，是主題酒店使顧客體驗主題文化的重要途徑。西藏飯店二樓的「紅宮歌舞餐廳」設計風格浸透著濃鬱的高原色彩，藏式唐卡藝術融入其間，紅白餐布點染雪域風情。餐廳在金色的燈光下熠熠生輝。浪漫的音樂，獨特的藏式歌舞，營造出「遙想珠峰聖潔，共享聖茶碧綠」之意境。另外，顧客與餐具、客房用品、陳列飾品的親密接觸產生的強烈印象，都是觸覺帶來的文化享受。

通過以上分析我們可以看出主題酒店氛圍營造必須同酒店文化相結合，由表及裡，多方位、多功能地融入主題酒店的文化精神，形成神形兼備、主題鮮明的濃鬱文化氛圍。對於一個成功的主題酒店，上述五個方面不是孤立的而是有機地融為一體（見圖3-6）。在這樣的酒店氛圍中，賓客從視覺、味覺、聽覺、嗅覺和觸覺上都能真真切切地感受到酒店的文化，接受酒店文化對各種感官的刺激，形成對酒店主題的深刻理解，最終在理解主題的基礎上形成自己對酒店文化的認識，進而形成顧客忠誠。這樣的主題酒店才具有強大的生命力，才能實現可持續發展，才是發展的時代所呼喚的酒店。

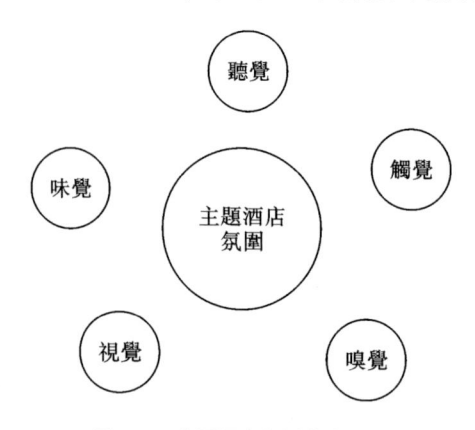

圖 3-6　主題酒店氛圍營造方法

第二節　主題酒店外觀及空間創意

一、主題酒店建築風格與外觀創意設計

建築不僅是空間和體塊的堆砌，還是文化的載體，通過建築可以表達豐富的文化

內涵。主題酒店的建築外形一般應與所選定的主題相互呼應，並且通過獨特的外形吸引顧客的視覺。酒店建築可以通過材料、色彩、質地及內部的裝潢格調、燈光等來反應酒店所特有的文化內涵。因此有必要圍繞主題文化，通過建築與外觀讓顧客感知形成它們的文化背景、歷史傳統、民族思想和人文風貌，將酒店建築風格與外觀同地方歷史文化緊密地結合起來。過去很長一段時間中國大多數酒店外觀造型上一直保留傳統的「火柴盒」形象，沒有自己的特點。主題酒店應該在外形上尋求突破，通過建築上點、面、線的應用，形成各種體現酒店文化的建築形象。

　　不同類型的主題酒店在建築風格的選擇上也是有所不同的，以地域文化為主題的酒店在進行建築風格設計時就要從本土建築的地域特徵中吸取靈感。現代酒店建築的功能特別複雜，現代結構體系也使地域建築的形式中的很多部分成了裝飾元素。因此，在滿足現代酒店功能技術要求的基礎上，可以把地域建築的裝飾、形體和傳統構建等運用到建築空間上，讓人產生無限遐想，給顧客帶來感官上的第一刺激。比如成都西藏飯店在酒店外觀設計上充分融入了藏文化內涵，紅牆金頂，猶如布達拉宮矗立在成都平原上，如圖 3-7 所示。

圖 3-7　西藏飯店外觀

　　以歷史文化為主題的酒店，其建築風格可以借鑑歷史上這一時期的建築風格特徵。中國擁有悠久的歷史文化，而且建築隨著歷史的發展也形成了一門獨具特色的文化，這也為以歷史為主題的酒店在外觀及空間設計上提供了豐富的資源。尊重主題酒店體現的歷史環境，充分利用傳統建築形式並將其進行創新，使其既能適應現代功能又能體現歷史文化內涵。一個好的酒店建築應該既有民族性、地域性，又同時要反應它的個性。西安唐華賓館就是基於古城西安豐厚的唐代文化底蘊而定位於唐文化的。唐華賓館的建築風格融盛唐風韻與中國傳統園林於一體，賓館庭院式仿唐古建築群及古園林景觀，使整個建築都洋溢著一種典雅而富麗的氣氛。

在對主題酒店的建築風格及外觀進行設計時，不僅要考慮它的形象和效果，更要全面地考慮酒店的實用功能。首先，這個建築物是用於酒店經營的，所以它必須符合酒店標準化經營的所有要求，包括所有功能區設置、智能化、信息化和節能性等。其次，酒店的建築風格和外觀又要進行主題文化的傳遞，因此在設計的時候要服從主題文化的理念，需要在形式服從結構、結構服從功能的原則下，綜合考慮酒店所擁有的物質、文化、社會、自然等資源再進行操作。最後，建築風格在賦予酒店外在主題形態的同時，也應給主題靈魂的塑造和展示留下發揮的空間和可能性，對日後空間、產品、活動、行銷等主題設計開發做出前瞻性的整體考慮。主題酒店的建築風格與外觀要表達出藝術性、文化性和獨創性，特別是能將表現主題文化的元素融入其中。

二、主題酒店空間設計與裝飾的創意設計

主題酒店的室內空間既要給客人以美感，還要成為文化傳播的載體，通過它來表現更深層次的文化內涵，以引起顧客強烈的文化認同感。酒店的空間設計包括酒店大堂、客房、餐廳和各種輔助區的整體形象，主題酒店應將其內涵通過硬件設施在各功能區體現，使環境的主調與主題融合、對稱與呼應。主題酒店空間設計應符合可行、可觀、可遊、可居的要求。其中可行、可居是所有酒店都必須具備的功能，那麼可觀、可遊就是針對主題酒店提出的特殊要求。室內環境與家具裝飾相互呼應，借助與主題風格相符的花木盆景、壁畫織錦、詩詞書法、藝術點綴、VI 系統（包括導向系統、指示標誌、信息提示等），打造主題酒店獨特的內部文化氛圍。

1. 運用自然元素塑造空間主題意境

酒店內部進行設計的時候為了滿足顧客多方面的需求，可以充分運用植物和水體等元素來組成各種景致。因為人們對於水、陽光、空氣和充滿生命力的自然界總是本能地喜愛，特別是有些景致或花木代表一些地區、民族的文化，成為某種民俗文化的載體，因此主題酒店可以根據自身文化來選擇相應的花木，營造酒店內部綠色環境，這樣的綠色環境既可以提高室內空氣質量又可以呼應酒店的主題文化。

2. 運用材料質感創造空間主題意境

酒店空間設計過程中可以選用不同質感的材料來創造不同的文化意境。材料質感綜合表現在形態、色彩、光澤、肌理、粗細、透明度等方面，在設計構思時充分利用材料的不同質感來表現空間的主題。主題酒店空間設計時使用光滑堅硬的大理石，給人的感覺很穩重但是缺乏親和力，棉織品和編織品就相當柔和且溫暖，木材的天然紋理形成返璞歸真、接近自然的空間感受。因此利用不同材質的材料可以改變室內空間的形態和視覺效果，烘托出主題氛圍。

3. 運用家具陳設凸顯空間主題意境

　　主題酒店文化和特色可以通過家具的造型與擺放表現出來，它們是構成室內主題的主要內容。酒店內家具的種類繁多，包括沙發、座椅、茶幾、餐桌、吧臺、床等，為了營造良好的空間氣氛，酒店公共活動部分的家具都應以成套的形式出現。它們以不同的布置方式營造出不同用途和不同效果的小空間。客房內要求家具的擺設以實用、適量為主，在滿足客人入住需求的前提下減少室內家具的擺設，力求使室內空間通透整齊。在公共區域家具的擺設符合兩個原則：①有疏有密，疏是為了方便客人及員工的行走和活動；密是對家具進行組合，隔出空間給客人休息使用。②有主有次，突出主要家具、陳設，其餘則作為陪襯。

　　酒店的室內設計與裝潢最能體現出酒店的功能性和文化性，也是最能引起顧客共鳴的。從酒店的大堂到客房、到餐廳，從地板到牆壁、到天花板，每一處細節都需要精心的設計和佈局，主題酒店要對其高度重視，充分利用酒店內部環境為顧客營造一個文化氛圍，讓顧客在酒店的每一個角落都能深深地感受到酒店的主題文化。

第三節　主題酒店產品創意

　　顧客在主題酒店獲得的消費感受更多地來自酒店產品。主題酒店產品是指酒店圍繞某一主題素材，通過主題概念的引入、主題環境與氛圍的營造、主題設施與產品的設計以及主題活動與服務的提供等為顧客提供的有價值的、難忘的住宿體驗。對於顧客來說，主題酒店產品是一次經歷；對於酒店產品提供者來說，主題酒店產品是通過體驗化設計為顧客提供難忘的經歷而進行的一系列活動的總和。因此，產品主題化是主題酒店創意設計的一個核心環節，酒店在保證產品實用性的前提下要大膽地開發和設計主題產品。

　　真正意義上的主題酒店必須使主題文化有機地貫穿於酒店的各個功能區，形成與主題風格一致的主題客房、風格突出的主題餐飲、傳遞主題文化的娛樂場所設施等。所以本節從主題客房、主題餐飲、主題活動和主題娛樂設施、主題紀念品五方面入手介紹主題酒店產品的創意設計。

一、主題產品創意設計的原則

1. 創新性

　　主題酒店在充分挖掘主題內涵的基礎上大膽開拓新產品，給顧客帶來耳目一新的感覺，形成差異化競爭優勢。

2. 系統性

　　主題產品的設計應該包含酒店為顧客提供的一切設施、項目和服務，因此它是個

從上而下的系統工程，要保證產品間的聯繫性。

3. 互動性

酒店產品本身是種體驗性質的產品，所以在設計過程中要考慮到顧客的互動性需求。

二、主題客房創意

酒店的首要功能區就是客房，因此在主題客房設計過程中首先要求設備設施的主題化，其次色彩也應和諧搭配。客人在入住房間後，通過各種感官感受到的和外觀設計相一致，才能真正體會到酒店的主題文化，才會強化對酒店主題文化的認同。在主題客房的創意設計過程中，對於主題文化元素的使用不能僅僅停留在表面，還需要深入揭示主題文化的內涵。首先，要給顧客良好的第一印象，客人在進入客房前首先接觸的是房間號碼和客房公共區域，因此房間號碼和客房引導系統可以使用意向化的符號來顯示，這樣在客人進入客房前就已經感受到主題文化了。其次，在客房的裝飾上應該全面考慮到每個細節，客房物品在滿足旅遊飯店星級評定標準的前提下，家具材質和裝修風格應與主題風格協調，通過擺放彰顯主題和表達內涵的裝飾品、文化用品或贈品等細節來展示和深化主題文化。裝飾品包括很多內容，如藝術品、掛畫和文化宣傳手冊等。客房用具用品經過精心設計和包裝，本身就可以成為傳遞主題文化的裝飾品。最後，在客房設計的過程中不能千篇一律，每間客房除了名稱不一樣外，其他布置和裝潢都一樣，這樣的客房沒有突出特點，無法從更深層次上體現主題文化的內涵，顧客感受到的是一種形式化，因此可以考慮推出若干與主題相關的套房等。西藏飯店在主題客房設計的時候，更多應用藏文化符號與元素，在滿足功能的基礎上，強調舒適度和人性化，給人以「家」的體驗的同時，更領悟「佛」與「福」的存在（如圖3-8所示）。衣櫃、床屏、窗框等也是下大上小的山型，這是西藏傳統的家具形狀，隱含著對大山的崇敬；櫃子頂部則借用了西藏寺廟頂的設計，做成一條金色的寬沿，把寺廟元素很簡單卻又非常突出醒目地融到家具之中。房裡的電視櫃仿如一個轉經筒，有著「轉一轉，好運來」的寓意。裝有電視的轉經筒可全方位旋轉，從客房各個角度甚至衛生間都能清晰觀看；轉經筒上方有一盞夜燈，燈罩是用西藏特有的羊皮紙製作的，上面的藏文是著名的六字真言；房間內的絲繡八寶上也同樣絹繡著這樣的藏傳佛教的法語，每念誦一遍都在祈禱神靈的保佑。床上的裙巾做成彩色哈達式樣，五彩繽紛，既實用又美觀。

圖 3-8　西藏飯店客房

三、主題餐飲創意

　　餐飲是酒店的重要服務項目，因此主題酒店也要設有既適應功能需要，又與主題定位相一致的餐飲服務區域。首先，各餐飲服務場所命名應與主題定位有關聯，標示標牌設計美觀而典雅、簡單而易識別。其次，現代美食講究的是「色、香、味、形、器、質、名、養」這八個元素，菜肴本身就體現出不同的文化內涵，因此可以開發設計出體現主題文化的主題菜肴系列，使菜肴通過形態與味道、原料與烹飪、品相與器形、菜名與意境實現與主題文化的有機交融，使顧客在享受美食的過程中真正體會到酒店主題文化的魅力。主題菜肴的設計既要體現文化性又要有所創新，形成文化含量高、特色鮮明、合乎現代美食體驗需求的系列化產品，同時與酒店建築風格和室內設計相呼應營造出美食、美器、美景為一體的主題文化氛圍，形成獨特餐飲品牌，提高酒店競爭力。最後要對餐廳進行相應的裝潢布置，根據主題文化進行創意設計。通過對主題文化的抽象化、象形化、色彩化處理建成主題突出、風格鮮明的餐廳和宴會包間。除了以上三點外還可以通過提供特色酒水、設計精致菜單等方法體現主題文化。主題餐飲是主題酒店產品體系中不可或缺的組成部分，需要投入精力，不斷地加大開發的深度和廣度。西藏飯店開發的紅宮喜宴和雪域貴族宴聞名全國，將藏菜和川菜相融合開發出的很多特色菜品也廣受市場好評（圖 3-9 為西藏飯店藏宴廳）。

圖 3-9　西藏飯店藏宴廳

四、主題活動創意

在主題酒店創意設計中，我們要意識到只有通過顧客身臨其境的體會，才可能更深入地瞭解酒店的主題文化，因此主題活動的設計是酒店創意必不可少的一部分。沒有主題活動的主題酒店是不完整的。如果酒店沒有主題活動，就會大大降低顧客的體驗感，使顧客難以融入酒店文化氛圍之中。隨著人們生活水準的提高和需求層次的不斷上升，人們需要更加個性化的消費來實現自我，顧客希望可以通過主動參與、相互交流得到特殊的樂趣和滿足感，所以酒店要根據顧客這種互動性需求，設計可以體現主題文化的主題活動。首先，增強主題活動的互動性。酒店根據自身的主題文化和酒店特有資源開發設計出特色鮮明又吸引顧客參與的主題娛樂項目，這類項目既能帶給顧客全新的體驗經歷，又可滿足其交際需求。在開展主題活動的時候，要使表演和互動相結合，這樣有利於調動顧客的積極性，一味的表演會讓顧客感到乏味，缺乏認同感與參與感，一味的互動會讓顧客疲憊，無法認真體會活動的內容及感受酒店的主題文化。其次，豐富主題活動，酒店的主題活動應該是一系列的，包括不同的種類和內容，通過系列活動的開展培養出品牌主題活動，滿足顧客多種需求，使客人在多重層次上獲得感受，既獲得感官享受又得到精神的滿足。「歡樂時光」是西藏飯店特別開發的表演性主題互動節目，也是提升酒店整體文化氛圍的點睛之作。酒店每晚8：00至9：30在大堂吧以歌唱的形式表演。表演中，穿著白禮裙的琴師在三角鋼琴前輕彈慢奏，兩名年青的藏族姑娘提著裝有蠟燭的藏式長銅杆，悠然地點燃架子上的28盞酥油燈，一邊演唱西藏民歌和傳統歌曲，一邊給客人敬上一杯杯青稞酒、一塊塊糌粑、一盅盅藏茶，還不時會與到場的客人跳起美妙的鍋莊，共享雪域的歡樂。輕歌曼舞，詩情畫意，讓互不相識的海內外賓客手拉起手，也讓許多過往的客人駐足流連、頻頻回顧。

五、主題娛樂設施創意

食、住、行、遊、購、娛是旅遊的六大要素，娛樂的功能不容忽視，尤其對於飯店業而言，娛樂同餐飲和客房一樣舉足輕重。隨著人們生活水準的提高和消費方式的改變，顧客對酒店娛樂設施的要求也在不斷改變與提高，酒店的娛樂設施從單一化向多元化發展，檔次不斷提高，其在酒店中的地位也穩步提高。酒店娛樂設施包括美容美髮廳、健身房、游泳池、棋牌室等等。主題酒店的娛樂設施設計過程中可以選擇的娛樂項目和設施有很多，首先要選擇那些最能讓顧客高興的特色娛樂，並且讓這些娛樂項目適應酒店的主體功能和主題文化，提供給顧客一個獨特的娛樂空間，讓他們留下深刻記憶。西藏飯店內的甲拉藏茶吧，茶吧門雖然不太起眼又在角落之處，但茶吧門前巧妙地把迎賓臺與展示櫃功能相互結合起來，櫃內放置數種尋常難見的藏茶茶磚，上面像篆刻作品一樣凹凸精致的藏文符號，一下子就抓住人們探尋的視線。而更奇特的是空氣中彌漫著一種似茶非茶、似香非香的溫馨味兒，隨著探尋的腳步，一步步浸入心扉，一絲絲滲入腦海，使人如入古老茶鄉。而當人們真正踏進茶吧，品過藏茶，看過茶馬古道，欣賞過藏族姑娘優美的藏茶茶藝與技巧後，又會不經意地發現那面形似布達拉宮的宮牆，原來它貌似粗糙但嚴絲合縫的牆體，居然是用藏茶做成的茶磚，是茶磚制成的真正原生態的建築材料，如圖 3-10 所示。

圖 3-10　西藏飯店甲拉藏茶吧

六、主題紀念品創意

　　一個成功的主題酒店，能夠帶動顧客對其特色商品的需求，反過來，特色商品的成功打造又能夠提高主題酒店的知名度和美譽度。西藏飯店的藏文化購物長廊分為七個展廳（如圖3-11所示）：①印度家紡（印巴文化店）。感受印度民居生活，體現西藏文化和印巴文化的許多淵源和相似之處。②巴扎童嘎，是西藏比較出名的工藝品連鎖店，主要經營西藏的工藝品、唐卡、戒指、首飾等。③唐卡製作室。它是利用西藏傳統的唐卡結合現代工藝製作的金屬畫、瓷片畫、布畫等。④藏茶吧。藏茶是藏文化中最生活化的元素，茶吧的一面牆完全由藏茶磚壘砌而成。置身茶吧，茶香沁人心脾。⑤西藏民居生活用品展示廳。所有的物品都是按照西藏民居的風格擺設的，裡面還掛有一些酒店專門請的攝影師採風回來而製作的掛畫。⑥生活便利店。包括桌布、唐卡、天然紅豆杉木筷子、靠墊、五彩哈達、藏茶枕等生活用品。⑦藏藥店。各具神效的生態型、原產地藏藥，如著名的藏紅花、雪蓮、冬蟲夏草和製成標本的羚羊角、熊掌等，讓人興起對雪域高原的遐想和對健康的珍惜。購物長廊中的這些商品全部都與酒店的主題息息相關，受到海內外客人的喜愛，賓客們都認為這些是最具代表性的紀念品和禮物。

圖3-11　西藏飯店藏文化購物長廊

第四節　主題酒店服務創意

　　服務產品是飯店產品的重要組成部分，顧客對飯店產品的購買實質是一種經歷的購買，而服務則成為顧客評價經歷優劣的重要標準。主題酒店的文化不僅僅靠硬件的建造來表現，還應該通過有文化表現力的服務來傳達。如果說主題建築、主題設施是

主題酒店的骨架，那麼主題服務就是主題酒店的血肉。在酒店主題文化氛圍中，將標準化、模式化的服務轉化為主動細緻、善解人意、文化內涵豐富的服務，使一般的勞務活動昇華為一門服務藝術，使服務產品從原始的使用功能價值上升到一種具有文化附加值的新境界。因此，在服務過程中，應將主題文化融入服務項目中，使服務變得個性化，便於顧客更好地理解主題文化。

一、專門化的從業人員

就一般飯店而言，其從業人員只需掌握基本的服務技能即可，但是對於主題酒店的從業人員而言，這卻是遠遠不夠的。主題酒店的成功與否很大程度上取決於酒店能否完全體現主題化，因此，要注重深層次的文化內涵的培養，尤其是要求服務員掌握與主題相關的一切常識，當客人對酒店文化的任何一方面有興趣或有疑問的時候服務員都可以像博物館的解說員一樣有問必答、如數家珍般娓娓道來，這樣，客人一定會非常滿意，也會增加對酒店文化的理解。主題酒店從業人員本身就應是主題的象徵，是主題文化的「風景線」和重要的「載體」。因此，在招聘、培訓、考核等方面有較高的要求。

首先在招聘環節上，任何一家企業的經驗中，員工的文化程度高低都決定著企業的發展，因此酒店在招聘時要力爭高起點、高素質，這對於提高員工整體水準，對飯店進行培訓和開展各項工作十分重要。文化水準高的員工可以在掌握酒店文化的基礎上靈活運用，向顧客更多地傳遞出主題文化，有利於主題酒店的可持續發展。

其次在培訓環節上，主題酒店應該注重在員工中通過持續培訓，強化員工的主題意識，豐富員工的主題知識。顧客到主題酒店消費，為的就是體驗酒店的主題文化，酒店員工知識的豐富程度，直接影響到顧客的體驗效果。員工的主題文化知識包括主題服務方式、主題相關的背景、主題的特色和獨到之處等。這些內容可以通過加強對員工的主題文化知識培訓灌輸給員工。經過嚴格訓練的員工應該具有以下六方面特性：①稱職。員工應具有酒店服務所需基本技能和知識。②謙恭。員工熱情友好、尊重他人、體貼周到。③誠實。員工要誠實可信，不能見利忘義。④可靠。員工始終如一、準確無誤地提供服務，保守客人隱私和秘密。⑤負責。員工能對顧客的請求和問題作出迅速的反應，滿足顧客個性化要求。⑥溝通。員工能夠理解顧客需求並準確、清楚地為顧客傳達相關信息。

最後在考核環節上，主題酒店對員工的考核應該綜合考慮兩個方面，一方面要考慮其是否可以提供標準化的服務，另一面要考慮其在提供標準化服務的同時是否將酒店主題文化向顧客傳遞，傳遞後顧客是否可以感受理解。

西藏飯店定期進行酒店文化知識的培訓，上到總經理下到工程部的技師，不論其

是否直接對顧客進行服務，只要是酒店的員工，都要參與其中。考核的形式多種多樣，包括進行知識競賽、部門抽查法、筆試考核等。考核的成績直接與部門績效和個人績效掛鉤，充分調動了員工對於酒店文化學習的積極性，取得了良好的效果。

二、特色化的服飾制服

酒店員工的服飾直接並且頻繁地顯露在顧客眼前並產生視覺效果，酒店也通過為自己前臺員工設計獨特的制服來提高酒店的形象。特別是主題酒店，更應該從員工服飾上下功夫，通過服飾可以體現酒店的主題、服務風格及風俗習慣，創造性地通過顏色、樣式使服裝與酒店的建築、裝潢風格保持一致。制服隨著酒店的主題風格不同其樣式也是多種多樣，既有正式的套裝，又有休閒的運動服，通過不同樣式，使主題酒店的制服成為酒店形象的「代言人」。如成都西藏飯店員工的制服並不是把藏族服飾照搬過來，因為無論是氣候環境還是服務的便捷性要求，都不宜完全使用藏服。因此在制服的設計上採用了「符號法」，即通過符號來表現酒店文化內涵。如餐廳的接待員工，領口用西藏服飾中常見的綠、紅、藍、黃等線條顯現，又綴上特有的裝飾品綠鬆石，與紅寶石鑲嵌在一起，相映生輝，凸顯藏文化內涵，使員工的服飾成為酒店文化的傳播者。又如普陀山雷迪森莊園酒店和深圳威尼斯酒店的員工服飾也各具特色，如圖 3-12 和圖 3-13 所示。

圖 3-12　普陀山雷迪森莊園酒店前臺員工制服

圖 3-13　深圳威尼斯酒店行李員制服

三、特色化的服務方式

優質的主題服務不僅要體現在服務人員的穿著和言談舉止上，還要體現在他們的服務理念及服務方式上，做到「內化於心，外化於行」。主題酒店的服務方式要求主題色彩濃鬱，特別是以歷史或民族文化為主題的酒店，應該結合酒店文化特點創造出內涵豐富的主題服務方式。服務人員可以在迎賓、沏茶、斟酒、上菜、結帳、送客等服務過程中，巧妙地將反應主題文化的民俗風土人情等內容，藝術地嫁接到主題飯店服務的環節中來，展示出主題文化服務的特色，讓顧客真正地體驗到與眾不同。主題服務方式應該與主題所展現的意境相一致，否則，主題服務會影響主題的完美營造。酒店的主題服務應該根據客人的需要進行適當的創新，使酒店文化既被顧客理解並接納，又能滿足顧客的主題體驗需求。西藏飯店這種主題服務非常豐富，如承辦婚宴的過程中，提供藏族特色的牦牛迎親和藏族歌舞表演；在客人入住酒店的時候服務員會奉上飄香的藏茶，表示對遠方來客的歡迎；酒店還在客人枕邊放上裝滿藏茶的枕頭，幫助客人安神入眠，這些藏族特色的服務為酒店的文化傳播添上了濃墨重彩的一筆。

本章從主題氛圍營造、酒店外觀及空間、主題產品和服務四個方面來對主題酒店創意設計的內容進行了詳細地介紹。我們可以看出主題酒店的創意設計是全方位立體化的過程，需要注意酒店中的每個細節，充分利用每個細節進行創意設計，讓顧客從各個角度都能充分感受到酒店濃鬱的文化內涵。

案例1　世界酒店設計創意之最——伯瓷酒店

伯瓷酒店（又稱阿拉伯塔），是世界上唯一的七星級酒店，是目前全世界最豪華的酒店之一。該酒店於1994年開建，於1999年12月建成開放，工程花了5年的時間，一半時間用於在阿拉伯海填出人造島，一半時間用在建築本身，使用了9,000噸鋼鐵，並把250根基建樁柱打在40米深的海下。其中僅外殼及填海的費用就高達11億美元，整個酒店含有26噸黃金，高300多米，共56層。酒店建在海濱的一個人工島上，是一個帆船形的塔狀建築。酒店採用雙層膜結構建築形式，具有很強的膜結構特點及現代風格。它擁有202套復式客房，200米高的可以俯瞰迪拜全城的餐廳。伯瓷酒店外觀參見圖3-14。

伯瓷酒店由英國設計師W. S. 阿特金斯（W. S. Atkins）設計，是全球最高的飯店，比法國埃菲爾鐵塔還高。所有的房間皆為兩層樓的套房，最小房間的面積都有170平方米；而最大面積的皇家套房，有780平方米之大。而且房間內全部是落地玻璃窗，隨時可以面對一望無際的阿拉伯海。最令人吃驚的是，一進房間，居然有一個管家等著跟你解釋房內各項高科技設施如何使用，因為酒店的服務宗旨就是務必讓房客有

图 3-14　伯瓷酒店外观形如帆船

「阿拉伯石油大王」豪华尊贵的感觉。以最普通的豪华套房为例，房间的办公桌上有东芝牌笔记本电脑，随时可以上网，墙上挂的画则全是真迹。

伯瓷酒店最初的创意是由阿联酋国防部长、迪拜王储阿勒马·克图姆提出的，他梦想给迪拜一个悉尼歌剧院、埃菲尔铁塔式的地标。经过全世界上百名设计师的奇思妙想，加上迪拜人巨大的「钱口袋」和 5 年的时间，终于缔造出一个梦幻般的建筑——将浓烈的伊斯兰风格、极尽奢华的装饰、高科技手段完美结合。正因如此，酒店建筑本身也获奖无数。

伯瓷酒店内部更是极尽奢华，触目皆金，连门把、厕所的水管，甚至是一张便条纸，都「爬」满黄金。虽然是镀金，但要所有细节都优雅不俗地以金装饰，则是对设计师的品位与功力的考验。由于是以水上的帆为外观造型，酒店到处都是与水有关的主题（也许在沙漠国家，水比金更彰显财力）。酒店门口的两大喷水池，不时有不同的喷水方式，每一种皆经过精心设计，15～20 分钟就换一种喷法，乘电梯时还可以欣赏高达十几米的水族箱，让人很难相信外面就是炎热高温的阿拉伯沙漠。使大家最兴奋的，应当是雄霸 25 楼及以上楼层的皇家套房，套房内装饰典雅辉煌，顶级装修和搜罗自世界各地的摆设，如同皇宫一样气派，家具是镀金的，有私家电梯、私家电影院、旋转睡床、阿拉伯式会客室，甚至衣帽间的面积都比一般酒店的房间还大，如图 3-15。已故顶级时装设计师范思哲也曾对此赞不绝口。

七星级酒店的房价肯定不菲，最低也要 900 美元一晚，总统套房则要 18 万美元一晚。这家酒店拥有 8 辆宝马和 2 辆劳斯莱斯，专供住店旅客往返机场使用，也可从旅馆 28 层专设的机场坐直升机，花 15 分钟空中俯瞰迪拜美景。客人如果想在海鲜餐厅就餐，他们会被潜水艇送到餐厅（如图 3-16 所示），他们就餐前可以欣赏到海底奇观。

圖 3-15　伯瓷酒店客房

圖 3-16　伯瓷酒店海底餐廳

　　由於伯瓷酒店實在是太有創意（見圖 3-17）了，很多外來訪客都想來參觀一下。不過請注意，想進這家飯店可是要付參觀費的，平日 100Dhs（迪拉姆：阿聯酋的貨幣單位，1Dhs 約等於 2.25 元人民幣）、節假日 200Dhs，不過可充抵餐廳消費。

圖3-17　伯瓷酒店的創意設計

案例2　曖曖遠人村，依依墟里菸——塑造中國鄉村生活品牌

「墟里」是近日一處避暑鄉居的新熱點，富有詩意的名字不禁讓人聯想起陶淵明筆下的《歸園田居》的場景——「曖曖遠人村，依依墟里菸」。你也可以理解為「在荒廢的土地上重塑迴歸本真的故里」，這也是「墟里」的主人——小熊建立「中國鄉村生活品牌」的初衷。

從歐洲回鄉後的小熊愛上了歐式鄉村獨有的溫柔與閒適，或許「墟里」便是她理想中的烏托邦照進了現實。這座老房子位於浙江東南部的永嘉山區，小熊與設計師朋友姚量花了四個月的時間翻新了第一棟舊屋，室內部分地上兩層加地下一層總計不過兩百餘平方米。在僅有的三間面朝東南的客房內，可以感受到大地四季更迭幻化，日出朝陽與晚霞餘暉時序更換，雲海、竹林、田園交織成畫，還有千年前先人們在這塊土地上留下的「茗岙梯田」……

圖 3-18　墟里夜色

圖 3-19　墟里

　　在戶外空間的處理上，設計師用最樸實、低調的建材並借由坡形地形，最大限度地接觸自然；內部設計直達設計的本質，採用大量的「有溫度、有感情」的木質元素和天然材質，尊重古建築的原有語言，只保留事物最基本的元素。不求華麗，旨在體

現人與自然的溝通，營造了一席「戶庭無塵雜，虛室有餘閒」的棲息之地。

　　空間規劃設置了一個大廳和三間客房，搭配上收集的古舊器皿，有質感的肌理材質充滿自然的氣息。木與磚石的房子，發聲的木板，打滑的石板和路邊不知名卻熟悉的草蟲，當然，還有泥土的氣息和雨季的霉味……讓人不由跟著自然一起呼吸。

第四章
主題酒店行銷系統管理

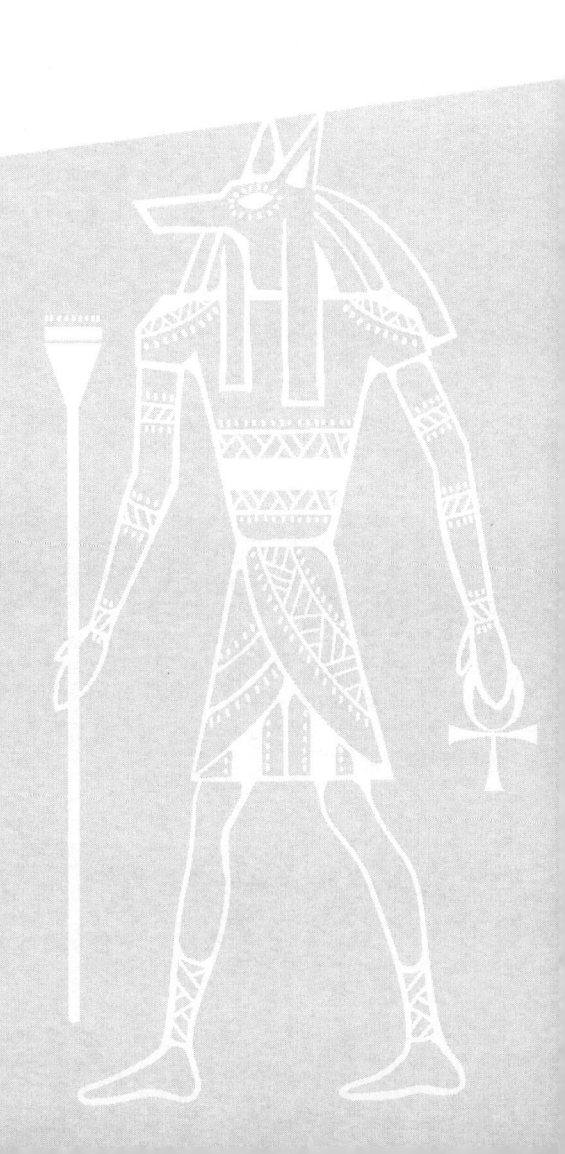

儘管主題酒店因其鮮明的個性和特色而具有較高的辨識度，但是如何向消費者持續不斷地傳遞自身良好的形象，逐漸樹立市場認可的品牌並做好開發和推廣，圍繞酒店發展環境做好行銷管理，依然是主題酒店管理的重要內容。

第一節　主題酒店形象策劃

「大多數不成功的人之所以失敗是因為他們首先看起來不像成功者。」這是英國著名的形象設計師羅伯特・龐德曾說過的一句話。的確，一個人或是一個企業是否成功，首先應該是其看起來要像成功者，也就是說要具備一個成功的形象。可見，形象對於人或是企業來說是多麼重要。主題酒店要想成功地被人們接受，就必須進行形象建設。

一、主題酒店形象的含義

通常，「形象」是指某一客觀事物在公眾心目中造成的總體印象。人們所看到、感受到和接觸到的事物總會在頭腦中留下一定的痕跡，並且他們會根據過去已有的經驗知識對新近獲得的印象進行分類，再經過反覆仔細地觀察、接觸和感受，形成較為穩定的總體印象。而一個組織的形象從客觀上來說，是組織重要價值觀的外化形式和途徑；從主觀上說，是組織的社會公眾和內部公眾對組織的總體評價。

主題酒店作為公眾認識和評價的對象，它的形象反應著社會公眾對主題酒店的認可程度，體現在主題酒店的聲譽和知名度上。然而由於主題酒店是從傳統酒店中昇華出來的新興產物，還在其發展的道路上不斷地探索，所以關於主題酒店形象、品牌的含義也在不斷地完善之中。目前對於主題酒店形象的含義還沒有統一的說法，在對國內外專家學者研究的基礎上，我們認為：主題酒店形象是集各種有形和無形的要素於一體，通過從內在精神到外在行為及視覺傳達的過程，將主題酒店的主題文化、價值理念、精神坐標、口碑信譽等無形形象與主題酒店的主題標示、主題元素等有形形象結合起來，給消費者帶來一種深刻的精神衝擊，從而在頭腦裡留下不可磨滅的總體印象。

二、主題酒店 CIS 設計的含義與內容

(一) CIS 設計的完整含義

企業 CIS 設計是一個系統工程，其英文是 Corporate Identity System，直譯為企業形象識別系統。其定義是：將企業經營理念與精神文化，運用整體傳達系統（特別是視覺傳達系統），傳達給企業內部與公眾，並使其對企業產生一致的認同感或價值觀，從而達到形成良好的企業形象和促銷產品及服務的設計系統。通常認為，CIS 主要由企業的理念識別系統（Mind Identity System，簡稱 MIS）、企業行為識別系統（Behavior Identity System，簡稱 BIS）和企業視覺識別系統（Visual Identity System，簡稱 VIS）三部分組成。但是從 CIS 的受眾角度來看，感覺是形成人類認識的開端，而感覺除了視覺之外，至少還有聽覺、嗅覺、味覺、膚覺（溫度、濕度、力度、快感等），它們之間往往可以彼此打通，一種感覺可以喚起另一種感覺，因此，CIS 的表現部分至少包括：視覺識別系統 VIS（Visual Identity System）、聽覺識別系統 AIS（Auditory Identity System）、嗅覺識別系統 SIS（Smell Identity System）、味覺識別系統 TIS（Taste Identity System）、膚覺識別系統 KIS（Keen Identity System）。由於不同的行業自身的特點不同，所以在進行 CIS 設計的時候要有不同的側重。主題酒店的企業特點注定了其在進行 CIS 設計的時候，要充分考慮到除視覺以外的聽覺、嗅覺、味覺和膚覺，這就要求我們設計一個專屬於主題酒店的 CIS 系統。

（二）主題酒店 CIS 設計的內容

主題酒店是人們尋求短暫個性生活的地方，而視覺、聽覺、嗅覺、味覺、膚覺是人們認知主題酒店形象的橋樑，它們之間相輔相成，可以說是缺一不可，所以一個完整的主題酒店 CIS 設計就是以主題酒店的經營理念為核心和靈魂，以主題酒店員工行為和各種視覺、聽覺、嗅覺、味覺、膚覺符號組成的一個有機系統，主題酒店的主題文化特色在靈魂和表象符號之間起到了一種溝通或連接的作用。主題酒店 CIS 的結構圖就像是一棵樹，理念識別（MI）是樹根，行為識別（BI）是樹干，視覺識別（VI）、聽覺識別（AI）、嗅覺識別（SI）、味覺識別（TI）、膚覺識別（KI）就是樹葉，如圖 4-1 所示：

明晰了主題酒店 CIS 的構成要素，以及各要素之間的關係，我們還要針對主題酒店的特點來對它們逐一進行剖析。

1. 主題酒店的理念識別（MI）

主題酒店的理念識別是整個 CIS 設計的核心和原動力，是主題酒店形象戰略的最高決策層，所以對於 MI 的設計更是重中之重。對於主題酒店這種特色鮮明的企業來說，其理念識別應該是指主題酒店為了提升自身的形象而構建，經過廣泛傳播得到社會普遍認同，體現主題特色，反應主題酒店經營觀念的價值觀體系。由此不難看出：第一，構建主題酒店理念識別的目的是提升主題酒店的形象，在市場競爭中贏得勝利。第二，主題酒店理念識別的基本特點是體現自身特性，取得大眾認同。這種獨特性，不僅要體現在鮮明的主題上，還要體現在對社會獨特的貢獻上。第三，主題酒店理念的基本內容是主題酒店經營管理思想、宗旨、精神等一整套觀念性因素的綜合，構成主題酒店價值觀體系。

主題酒店這種新興的企業形式，除了最基本的企業使命——追求利潤最大化外，一個更重要的使命就是必須承擔一定的社會責任，樹立對社會的貢獻感和責任感，這是構建主題酒店經營理念最重要的部分。這種經營理念方針的完善與鞏固，是主題酒

圖 4-1　主題酒店形象識別系統樹形圖

店識別系統基本精神之所在，也是整合主題酒店識別系統運作的原動力。通過這股內在的動力，影響主題酒店內部的動態、活動與制度，組織的管理與教育，並擴及對社會公益活動、消費者的參與行為規劃，最後，經由組織化、系統化、統一化的視覺識別計劃傳達主題酒店經營的訊息，塑造主題酒店獨特的形象，達到主題酒店識別的目的。安徽第一家唐文化主題酒店——合肥紫雲樓大酒店，在其即將開業之際，便積極投身慈善事業，在為酒店大廳「笑迎天下客」的彌勒笑佛舉行開光儀式的同時，為慈善事業捐款捐物，引起了積極的社會反響。紫雲樓大酒店通過這一活動，體現了其社會責任，獲得了公眾的好感和認可。

2. 主題酒店的行為識別（BI）

在 CIS 的整體策劃中，創意新奇的主題酒店理念的確定固然重要，但這僅僅是第一步。更重要的是，主題酒店理念能否最終為全體員工所認同和接受，進而物化為具體的企業行為。這就是 CIS 的第二個層面——行為識別，即 BI 的功能。與 MI 的深奧、抽象相比較，BI 追求的是具體、實際，是 MI 的動態傳播方式，是 CIS 的動態識別形式，其主要功能是將主題酒店理念付諸實踐、廣泛傳播。它實實在在，有聲有色，看得見，摸得著。對於主題酒店而言，社會公眾主要是通過產、供、銷、人、財、物等實實在在的企業行為去體會、去品評其理念識別的優劣。這就意味著，作為執行層面和實踐層面的行為識別，對於 CIS 策劃的成敗與否及績效大小至關重要。

主題酒店行為識別的內涵是指主題酒店以明確而完善的經營理念為核心，凸顯到主題酒店內部和外部的制度、管理、教育等行為，並擴散回饋社會的公益活動、公共

關係等動態識別形式。所以在進行 BI 設計的時候，對於內部系統，就要狠抓主題酒店的生產，營造主題酒店的環境，對員工進行教育，不斷研究、發展內部系統的完善性。對於外部系統，就要先進行市場調查，找到主流客戶群體，然後針對這部分目標群體進行主題產品開發，增強市場服務的功能，制定相應的公關策略、促銷策略和廣告活動，從而取得主題酒店內外公眾對 MI 的認同，塑造主題酒店良好的形象。在這方面，鶴翔山莊圍繞其主題文化——「道家文化」打造出八大品牌，成功經驗值得借鑑。

3. 主題酒店的視覺識別（VI）

主題酒店的理念識別是內在的、無形的，而行為識別是動態的、轉瞬即逝的，因而需要借助看得見的、靜態的視覺符號把前兩者傳遞給大眾。視覺識別符號能固定在產品和各種視覺媒介上，具有長期、反覆傳播的特點，因此，視覺表達被稱作是企業通向公眾眼睛的橋樑。據統計，人接收到的信息 75% 來自視覺，視覺形象的良好設計可以幫助企業有效提升企業形象，增強企業競爭力。

主題酒店的視覺識別是指將主題酒店的一切可視事物進行統一的視覺識別表現和標準化、專有化。通過視覺識別（VI），將主題酒店的形象傳達給社會公眾。主題酒店視覺識別又可分為兩大主要方面：一是基礎系統，包括主題酒店名稱、品牌標示、標準字體、印刷字體、標準圖形、標準色彩、宣傳口號、經營報告書和產品說明書等八大要素；二是應用系統。它至少包括十大要素，即店旗和店徽、指示標示和路牌、產品及其包裝、工作服及其飾物、生產環境和設備、展示場所和器具用品、交通運輸工具、辦公設備和用品、廣告設施和視聽資料、公關用品和禮物。由於主題酒店視覺識別的基礎系統是傳達主題酒店理念的統一性，全方位對外應用的主體部分，是應用系統的基礎部分，所以對於這部分的設計應該特別注意：第一，必須能體現主題酒店理念精神的內涵和特徵；第二，必須具有與眾不同的差異性和鮮明的個性化特徵，同時還要具備很強的可視性，便於公眾識別和記憶；第三，把具有廣泛象徵意義的圖形或符號運用到設計中，會強化傳播效果；第四，設計和開發必須在主題酒店可利用的一切媒體上應用，使基本要素得以統一展示；第四，要體現出較高的審美水準和藝術性。例如，印尼巴厘島的搖滾音樂主題酒店，以搖滾音樂為主題，所有房間，都提供互動式影音娛樂系統；酒店內展出音樂文物、音樂家手稿、老唱片封面、歌唱家用過的服飾等。還有希臘雅典的衛城酒店，到處可見雅典衛城的照片、繪畫、模型、雕塑、紀念品，開窗就可以看到雅典衛城。這些視覺上的衝擊，無不讓人時刻沉浸在主題氛圍當中。

總之，主題酒店形象系統不是短期的零星計劃，而是一項長期的系統規劃，它需要主題酒店精心組織實施，不斷地滾動調整，以協助主題酒店的經營戰略。但是，我們不能忽略的是，主題酒店形象系統不只是廣告、公告等促銷、宣傳部門的事，而是包括上至總經理下至清潔工在內的所有部門、所有人員的事。全員「CIS」是主題酒店

圖 4-2　巴厘島硬石搖滾音樂主題酒店

形象系統得以產生實效的最基本要求。而主題酒店的信息傳播對象不能只停留在主題酒店賓客與目標市場消費者身上，還要包括主題酒店的全體員工、社會公眾、社會團體、政府機構等。同時，主題酒店還要調動一切相關媒介來加強信息的傳播，從而爭取更多的市場份額。

4. 主題酒店的聽覺識別（AI）

古人雲：「眼觀六路，耳聽八方。」這說明聽覺在人們的認知中起著非常重要的作用。研究表明，人的知識大約有 93% 來自聽覺，形狀、顏色能夠使人產生視覺意向，音波則能使人產生聽覺意向，它們都是人類思維不可或缺的一部分，聲音與形狀、顏

色的感覺地位是平等的，因此可以說 AIS 與 VIS 是同等重要的。又因為音樂無國界的特性，更符合主題酒店國際化的戰略目標。

主題酒店由於所選定的主題不同而各具特色。在主題酒店的 AIS 設計中，如果能設計出符合主題的音樂、歌曲、廣播以及主題酒店內所有能發出聲音的設備所發出的聲音，如電梯的鈴聲、酒店房間內鬧鐘的鈴聲等，將主題酒店的經營理念和品牌形象通過這種形散而神不散的聲音形式傳達給公眾，那麼這將會在公眾的頭腦中產生強烈的首位效應。

主題酒店的聽覺識別系統應該是根據主題酒店的主題文化所創作出的獨特的、符合主題的音樂、語音、自然音響以及特殊音效等聽覺要素，通過聽覺刺激傳達給公眾主題酒店的主題文化、經營理念的識別系統。

主題酒店的聽覺識別系統應該包括主題歌曲、標示音樂、主題音樂擴展、廣告導語、商業名稱、主題彩鈴、主題口號等，每一個環節要素都要以主題文化為中心進行改造、創新，並且可以同主題一起發展、延伸。主題酒店的聽覺識別不是單純的疏導給大眾企業的聲音，更多的是喚起公眾內心的共鳴。在成都圓和圓佛禪客棧的走廊和茶室隨處都可以聽到悅耳的禪曲，客人在有意無意間都會不經意地被打動，心靈得以安撫，精神得以放鬆，更有對佛禪文化感興趣的客人可以從中得到深層的領悟。

5. 主題酒店的嗅覺識別（SI）

研究表明，人類能夠識別和記憶約 1 萬種不同的氣味，而且嗅覺記憶比視覺記憶更可靠，人們回想一年前的氣味準確度為 65%，然而回憶三個月前看過的照片，準確度僅為 50%。可見獨特的氣味能夠提升公眾對企業品牌的忠誠度。紐約的香氣基金會的執行董事 Theresa Molnar 說，嗅覺是由大腦負責記憶和情感的部分控制的，氣味能夠影響人們的情緒並引發一系列心理反應。Molnar 說，標誌性的香氣是「感官性品牌策略」的一部分，已被很多公司所採納。味道、氣味牽動著人的情緒與記憶，有如溫柔的手，輕輕觸動人們心底的一根琴弦，「不動聲色」地對包括購買在內的許多行為產生了影響。因此，主題酒店建立符合其格調的嗅覺識別系統也是非常必要的。

英國牛津大學的研究顯示，人會把氣味與特定的經驗或物品聯想在一起。人們以往以為自己嗅覺不發達，但其實氣味對人類的生活影響甚大，淡淡的香味如同標籤一樣，讓消費者一聞就想起特定的品牌。

客觀地講，嗅覺識別很早就在餐飲經營中發揮著作用，不同餐廳擁有各自不同品類的餐品或飲品，也自然產生了不同的氣味，被消費者長期接觸和記憶，並形成了一種條件反射機制，每當消費者再次嗅到已被記憶的氣味時，腦海中就會閃現出餐品或飲品的形象，進而聯想到餐飲企業品牌的形象，同時產生消費的慾望。顯然，氣味能直接刺激消費並增強品牌識別和品牌聯想。

同主題酒店的 VIS、AIS 一樣，它的 SIS 應該是通過能夠反應主題酒店內涵和特質

的個性化氣味在各個傳播渠道與行銷要素中的應用及傳播，進行主題酒店識別的一種手段。要研製出這種個性化的氣味，就得對主題酒店的文化主題、性格特質以及經營理念進行精神層面的深度挖掘，並通過「氣味」載體傳達出主題酒店的形象。就拿成都的西藏飯店來說，當客人一走進西藏飯店，就會被一種特殊的香氣所吸引，剛開始是熏香所散發出來的淡淡香氣，仔細品味，便會聞出其中還有一股茶香，這是西藏飯店茶室裡所陳列的各種茶磚所散發出來的味道，令人心曠神怡。

6. 主題酒店的味覺識別（TI）

既然是主題酒店，就一定離不開餐飲。主題酒店的餐飲無論是從色、香、味、形、器哪個方面來說，都應該是獨具主題特色的。所以，主題酒店有必要建立一個味覺識別系統，並以此來輔助 VI、AI、SI 來推廣主題形象。

味覺與嗅覺、聽覺、視覺是相輔相成的關係，一道主題盛宴能否加深顧客對主題酒店的印象，取決於其出色的形、沁人心脾的味、香濃的口感、咀嚼的聲音以及主題文化濃鬱的用餐環境之間的完美配合。都說人生百味，那是人們對生活的感悟。主題酒店讓顧客品味的不僅是主題文化，更是人們對理想生活的享受和感悟。就像是當你把一塊德芙巧克力放入口中的時候，那瞬間即化的香濃口感讓你想起的不僅是「德芙」這個品牌，更是德芙傳達給大眾的一種企業理念和形象，讓人們的心中始終都保留著有如巧克力般的人生憧憬。主題酒店的味覺識別就是要達到這種效果。

人們品食講究「色、香、味」俱全，「味」成了品鑒食物的最終砝碼。味道是餐品或飲品的核心屬性，消費者憑其味覺器官能對不同口味的餐品或飲品進行識別。而這種識別作用正是消費者進行重複消費的本質原因。其實，味覺識別和餐品、飲品是綁定在一起的，它隨著餐品、飲品的出現而出現，消失而消失。不同餐飲企業擁有各自不同品類的餐品或飲品，也就存在著不同的口味。不同的味道，被消費者長期接觸和記憶，再產生回憶，促使重複消費行為產生，進而形成品牌忠誠。

主題酒店餐廳開發自身味覺識別系統的過程，就是開發具有獨特口味餐品或飲品的過程。因而，其「招牌菜」或「招牌飲品」的獨特味道，就是該企業最佳的味覺識別要素。

7. 主題酒店的膚覺識別（KI）

皮膚是人類最重要的感覺器官之一，而膚覺是一個非常古老的感覺。地球的行星生命體在沒有分化出視覺和聽覺以前，膚覺就是生命體唯一的感覺。可見，膚覺也是我們在進行主題酒店 CIS 設計時不容忽視的一部分，人們也可以通過膚覺感受來認知主題酒店的主題形象。

人的膚覺感受和人所接觸物體的材質等物理屬性密切相關，不同類型的材質會給人以不同的質地感受。中國飲食文化講究餐具的使用，餐具的種類自然多種多樣，因材質的不同也能產生不同的膚覺。主題酒店餐廳以某種代表性材質的餐具為主，即能

給餐飲消費者帶來獨特的膚覺感受。消費者憑其觸覺器官對不同質地形成識別，而這種識別作用是在消費者的肌理下悄然進行的，是潛意識的產物。可以說，膚覺識別很早在餐飲經營中就出現了，只不過沒有引起經營者的關注而已。不同餐廳為配合各自不同品類的餐品或飲品，使用了不同材質的器皿，或因某種喜好使得餐廳的裝潢材料和陳列物的材質具有某種共性，被消費者長期接觸和不知不覺記憶，並形成了一種潛意識下的識別體。每當消費者再次觸碰到熟悉的質感（如鍍銀的餐盤、朱漆的木筷、古木風格的餐桌餐椅等），並結合其他聯繫物（視覺的、嗅覺的、聽覺的等），腦海便閃現出餐飲品牌的形象，從而加強了對此品牌的好感度。

既然來到主題酒店的顧客與主題酒店不是隔離的，那麼主題酒店就應該充分地利用膚覺，來進一步加深顧客對主題酒店形象的認知。這就要求主題酒店要利用一切給顧客帶來膚覺感受的資源，如在餐具、洗漱用品、床上用品等來做文章。試想，主題酒店裡的顧客在白天通過視覺、聽覺、嗅覺和味覺已經對主題酒店的主題文化有了一定的認知，當他們夜晚入眠的時候，床、被子、枕頭就成了與他們皮膚直接接觸的物品，而這些承載著主題元素的物品會通過膚覺刺激，與人們頭腦中對主題酒店的印象合二為一，繼續對睡眠中的人們進行著主題文化的衝擊，這樣的主題印象就是想忘記也很難了。成都岷山安逸大酒店的餐具就很有特色，杯盤碗碟上都是年畫，就連桌上的菸灰缸也有年畫點綴，客人通過用餐體驗與這些這些年畫餐具「親密接觸」，勢必印象更加深刻，進而產生購買行為也不無可能。

（三）主題酒店數字化 CIS 設計

隨著信息化時代的來臨，現代企業已經普遍處於計算機化的空間之中。1997 年，牛津大學計算機專業教授 James Martin 在《生存之路——計算機技術引發的全新經營革命》中寫道，世界將發生一場沒有流血的革命，即由計算機技術引發的全新經營革命，其最終結果是計算機化企業的誕生。而這場革命注定了傳統 CIS 向數字化 CIS 的轉變，在這種大背景下，主題酒店的 CIS 設計也必將走向數字化之路。

所謂數字化 CIS 設計就是利用數字化技術手段開展企業形象的策劃、創建、推廣和管理等一系列活動。主題酒店的數字化 CIS 設計應該包括三個方面，即設計的數字化、標準的數字化和實施的數字化。主題酒店在進行數字化設計的時候要盡量利用一切網絡資源，用主題酒店 CIS 電子版文本代替傳統的印刷版 CIS 手冊，從而提高主題酒店 CIS 的精準度和標準化。同時以多媒體手段製作出理想的主題圖案、主題文字和主題文本視覺效果，將實與虛、動與靜同主題完美地結合在一起，給大眾全方位視覺的衝擊和心靈的震撼，讓主題酒店的形象深入人心。在拉斯維加斯世界著名的米高梅大酒店的廣場耗資 4,500 美金製作的超級大秀——娛樂之都，使用 48 聲道的數位式音響，使用電腦控制的 2,500 處固定燈光、300 處移動燈光及 250 種特效，採用 3D 效果，打造出時光穿梭的主題故事，客人甚至會真的感受到時光穿梭、大地震動的震撼。這種

極具現代感的演繹活動進一步加深了顧客對企業的形象識別。

圖 4-3　米高梅大酒店數字化演繹廣場

三、主題酒店 CIS 設計的原則

主題酒店 CIS 是其自身的一項重要的無形資產，因為它代表著主題酒店的信譽、產品質量、人員素質等。塑造主題酒店形象雖然不一定能馬上帶來經濟效益，但它能創造良好的社會效益，獲得社會的認同感，最終會獲得由社會效益轉化來的經濟效益。因此，塑造主題酒店形象便成為酒店具有長遠眼光的戰略。

因為主題酒店的 CIS 系統不是獨立的，而是要服務於主題酒店的戰略規劃，要通過這個系統，把主題酒店戰略形成的經營理念有效的傳播給目標受眾。所以，主題酒店 CIS 設計的原則包括：

第一，符合主題酒店的戰略規劃。也就是說，CIS 設計之前，主題酒店要明確自己的發展戰略。

第二，整體統一。通過對主題酒店主題文化的導入，要求酒店的全體員工在行為準則方面表現出一致性；在酒店對外傳播中，視覺形象表現出一致性；在酒店的各項活動中，文化內涵表現出一致性。

第三，獨特性、創新性、審美性、易識性。主題酒店的 CIS 設計要充分考慮這些特性，形成主題酒店的個性模式，強化主題酒店的獨特風格，否則設計的結果可能會在 5~8 年後趕不上時代的發展，更不利於其對內部、外部作用的發揮。

第四，市場擴大原則。主題酒店進行 CIS 導入的主要目的之一，就是希望能夠借此提高市場佔有率，贏得市場的主要份額，為主題酒店創造最佳的經濟效益。

最後，在主題酒店提升或者更換標示的時機選擇上，也要充分地考慮，最好利用主題酒店的週年慶或者重大事件。一是讓標示有一個連貫性的體現，二是有利於新標示的推廣。當然，CIS 系統設計後，要制定詳細的推行方案，否則，再好的設計也只能躺在文件櫃裡。

第二節　主題酒店品牌管理

2005 年年初，奧美國際集團董事長兼首席執行官夏蘭澤女士在接受《商業周刊》採訪時，因為一句「聯想和海爾不是品牌，迄今為止中國還沒有真正的品牌」曾在中國引起軒然大波，當時奧美方也曾出面澄清，而《商業周刊》也似乎拿出了「鐵證」。其實不管事情的原委究竟是什麼，這個事件告訴了我們一個無法抗爭的事實，那就是中國目前整體品牌競爭力還處於相對弱勢的態勢。實際上我們不缺乏產量優勢，也不缺乏品質優勢，我們能為那麼多世界級品牌做 OEM 就是例證。我們最缺乏的是品牌建設。中國的主題酒店應該吸取經驗和教訓，力爭在保證質量的同時，把重心放在品牌建設上。

一、主題酒店品牌含義

品牌是一個綜合、複雜的概念，不同的學者對它的認識也不一樣，但是大家對品牌認識的共同點是，它是企業通過各種方式最終在消費者心中留下的印象的總和。可以說，一個品牌就是一個企業的名片。

而實際上，品牌就是一種文化現象，品牌中蘊含著豐富的文化內涵，但凡一個優秀的企業都和文化有著不解之緣，如成都京川賓館的「三國文化」，都江堰鶴翔山莊的「道家文化」，杭州陸羽山莊的「茶文化」等等。文化已經成為支撐企業經營的強大支柱，是喚起人們心理認同的重要因素。主題酒店這種以文化為靈魂的企業如果能夠準確解讀出主題文化的深層內涵，挖掘出主題文化的精髓，就會契合消費者的心理，從而產生共鳴，形成一個美麗的烙印，也就是主題酒店在消費者腦海中形成的印象，即消費者對主題酒店品牌所產生的最鮮明的印象。

主題酒店品牌是指主題酒店以主題酒店產品為載體，借助各種有形和無形的手段來傳播其獨特的思想和文化，最終在消費者的心裡形成對主題酒店產品的屬性感知和感情依戀，並由此產生美好聯想的行為方式。

二、主題酒店品牌的創建過程

主題酒店品牌的創建過程可分為五步。

第一步，整合品牌文化資源。整合品牌文化資源包括整合酒店內外部的各種文化資源，根據品牌定位篩選與品牌定位相關的各文化因素。前面已經提到過，主題酒店自身就是一個文化的綜合體，它需要綜合主題文化、企業文化與區域的社會文化，前兩者屬於內部文化，後者屬於外部文化。成功的品牌文化資源整合既要考慮主題酒店的獨特性，又要兼顧內外部文化的共性，這樣才能不顧此失彼。

第二步，建立品牌的價值體系。在收集和整合內外部的各種文化資源之後，根據品牌戰略定位，對各種文化因素進行提煉，確定品牌的價值體系。有專家建議酒店業者採用雷諾茲和古特曼研發的排名法來確定品牌核心價值，即先確定品牌最重要的特徵，然後要知道重要的品牌特徵「它為什麼是重要的？」並且對其反覆推敲直到被調查者給出了一種價值觀為止。然後選出第二重要的品牌特徵，重複上述過程，對於剩下的那些特徵也同樣得出。

第三步，建立品牌文化體系。由於對不同的客戶群體會有不同定位的品牌文化，因此要明確主題酒店品牌內涵及其價值對客戶的承諾、品牌附加值等因素。

第四步，建立品牌文化管理體系。主題酒店品牌文化管理體系包括了品牌內部管理和外部管理兩個體系。品牌文化內部管理體系指的是如何針對品牌文化的定位，在酒店的內部全體成員從認識上進行高度一致的協同，通過各種管理的行為，包括現場管理、服務意識、行銷體系等全過程進行品牌協同，也就是我們所說的身心一致。品牌文化外部管理體系是通過各種媒體或載體，圍繞主題酒店品牌文化核心進行傳播。品牌文化傳播的主要方式是借助各種宣傳媒體進行長期的潛在滲透，力圖建立一種氛圍，讓顧客潛移默化地接受這種文化的感染，「潤物細無聲」是這種傳播的高級境界。

第五步，方案的實施。好的酒店品牌也許就如宗教一般，教徒不僅自己畢生信仰，而且他們還會主動去傳播。而這些都要求酒店品牌有一種強大的文化支撐，所以品牌文化是實現酒店品牌信仰的唯一途徑。主題酒店比一般的酒店更具備這種優勢。

三、主題酒店文化品牌傳播

在創建主題酒店品牌之後，怎樣將其傳播出去就成了關鍵的一步。從文化品牌傳播對象上來說，主題酒店的文化品牌傳播不只是單純的對外傳播，更要注重對內傳播。這就跟核聚變的原理一樣，主題酒店的員工就像是一顆顆質量較輕的原子，當在一定條件下，即員工對主題酒店文化品牌、核心價值理念認同的時候，就會凝聚在一起，

形成一股強大的凝聚力，同時釋放出強大的能量。這種能量是企業由內而外散發出來的，強大、穩固且極具感染力，一旦形成了這種凝聚力，也就形成了企業氣質，自然會吸引住公眾的眼球，也起到了變相地對外部傳播的作用。而對外部的文化品牌傳播，就是從消費者的心理需求出發，找到切入點，然後借助各種媒介對它們進行動態組合，形成相應的媒介策略，將主題酒店的文化品牌在正確的時間、正確的地點、運用正確的媒體、傳達給正確的目標受眾。

從文化品牌傳播方式上來說，針對主題酒店的特點，可將其分為內部外化式傳播方式和外部直接傳播方式。所謂內部外化式傳播方式就是主題酒店自身進行的文化品牌傳播。從主題酒店 CIS 建設開始，主題酒店就已經開始了文化品牌的傳播，MI 傳達的是主題酒店文化品牌的靈魂，BI 本身就是文化品牌的傳播，而 VI、AI、SI、TI、KI 則是通過公眾的感官傳播著主題酒店的文化品牌。所以，在這裡將這種由主題酒店自身因素而進行的傳播暫定為內部外化式傳播。

顯然，主題酒店外部直接傳播方式就是主題酒店借助各種傳播媒體，如報紙、雜誌、廣播、戶外、電視、網絡等將文化品牌傳達給受眾。這種傳播方式效果明顯，容易形成文化品牌效應。這也是所有企業都會選擇的一種品牌傳播方式。但是這種傳播方式要根據企業自身特點對媒介進行動態的組合，所以不同的組合策略就會有不同的傳播效果。

對於公眾來說，一個主題酒店就是一個故事，這個故事能夠延續多久就要看這個故事講的是否精彩、感人。一旦故事抓住了人心，那麼這個故事就像是一個神話，永遠講不完，因為此時故事的主人公已經是顧客，而不再是企業了。那麼怎樣讓這個主題故事抓住人心呢？故事的開端是關鍵。

通常我們認為，主題酒店建成初期，就是宣傳最廣泛的時候，在眾多的媒介中，網絡應該是首選。因為它普及範圍廣，更新快，同時可以跨時空、跨文化進行全球傳播，最主要的是能夠跟公眾互動，這樣就很容易及時得到反饋信息，以做調整。

其次，廣播也是應該選擇的媒介。廣播是傳統媒介，它擁有根深蒂固的受眾群體，而且，隨著私家車的普及，車載廣播數量也逐漸龐大起來，通過廣播傳播主題酒店的文化品牌可以達到說者有意，聽者有心的目的。

此外，專刊、專報也是傳播文化品牌的一種「正版」途徑。當大眾媒介和普遍客戶有了瞭解企業的一種有形的、直觀的載體後，猜測的、杜撰的、虛假的、誤解的一切不利於企業的信息傳播就會不攻自破。所以，主題酒店必須要設法架構品牌傳播的「正版」途徑。

電視也是受眾群體眾多的傳統媒介，但是數字電視的出現在豐富人們生活的同時，也給人們帶來了不小的困擾。想一想，有上百個電視頻道可供我們選擇時，我們反而會抱怨「沒什麼好看的」，這就是注意力分散，「東西愈來愈多，我們知道的卻愈來愈

少」。面對這種尷尬的局面，主題酒店利用電視作為傳播途徑，就應該學會找到大眾關注的焦點。如冠名或參與某一部涉及酒店的電影或電視劇，依託它們的轟動效應借勢傳播。

最後，還可以借助公關事件行銷，依託政府資源，聯袂商業所謂「事件行銷」，即通過策劃、組織和利用具有名人效應、新聞價值以及社會影響的人物或事件，引起媒體、社會團體和消費者的興趣與關注，以求提高知名度、美譽度，樹立良好的品牌形象，從而也能達到文化品牌傳播的效果。

總之，不同的主題酒店要根據自身的特點，靈活的組合、運用媒介，爭取文化品牌傳播最大化。

四、主題酒店品牌建設的誤區

據不完全統計，截至目前，中國的主題酒店已經達到上千家，但發展尚未成熟，總體上處於初級發展階段，能夠形成品牌的還不多。總結中國主題酒店近十年來發展的情況，可以看出，中國主題酒店在品牌建設方面還存在一些誤區。

誤區一：品牌建設過於依賴主題。主題酒店的主題如果確定的好，那麼往往會有一個好的經營開端，加之經營初期競爭者很少或沒有，一般酒店會取得較好的經濟收益。但是，任何事物都有它的生命週期，包括主題酒店。如果主題酒店長時間一成不變，只有主題文化，而忽略文化的多元性和延展性，客人會失去新奇感，而且主題是可以被其他酒店模仿的，這會使酒店陷入險境。主題酒店管理者在經營中要清晰地認識到這一點，以避免不必要的衝擊。

誤區二：主題的選擇越另類越好。酒店在創建品牌的過程中，首先要對酒店的主題進行選擇。在對主題進行選擇時，有些人會認為主題越另類就越獨特，這樣才會有新鮮感，但在做這樣的主題選擇時，酒店的定位就已經失去了根基。公眾對這種另類文化的認知度還較低，更不用談及需求了，失去了公眾心理需求導向，盲目主觀臆斷，勢必會提早結束主題酒店的生命。

誤區三：品牌的文化內涵體現的越廣泛越好。主題酒店品牌的文化內涵可以說是非常豐富的，品牌的建設者們會認為要竭盡所能地體現出主題酒店文化的各個方面，越全面越好。豈不知這樣就會陷入一個越走越迷茫的怪圈之中，因為越是廣泛地挖掘，就越是會發現要體現的文化越多，反而越無從下手。其實，這主要是因為沒有深度挖掘出主題酒店的核心文化價值。一個好的主題文化，應該先深入研究，然後提煉出一個符合主題酒店經營理念的核心文化價值體系，在這個基礎上，再進行橫向挖掘。

誤區四：盲目追求品牌擴張，過分西化。主題酒店不是說規模越大越好，規模的尺度取決於市場和當地的經濟水準，並且其魅力在於對酒店所處地域文化的挖掘和利

用。目前中國有些主題酒店占地面積較大，一般都建在地價較為便宜的城市近郊，定位於度假酒店，但一般投資巨大，如深圳的威尼斯酒店投資達4億多元。再加上日常經營中維護費用高，同時度假客人又有很強的季節性，定位於度假旅遊市場很難實現盈利。此外，西方的東西不一定就是好的，而且也未必適合中國。「只有民族的，才是世界的」這句話很有道理，主題酒店的建設者們應該好好理解這句話的含義，再去制定國際化路線的方針。

誤區五：傳播的越多，品牌累積就越多。進入互聯網時代以後，傳播媒體和傳播的方式越來越多，現在，也有很多種成本較為低廉的方式，能夠快速有效地提高企業品牌知名度。國內大多數企業都傾向於事件行銷和新聞傳播的方式來提升品牌和銷售，但是這並不一定適合主題酒店。我們要根據主題酒店品牌的定位來選擇傳播渠道，要根據品牌的核心理念和核心價值來量身度造傳播內容。很多看似成本低廉的傳播方式，對於主題酒店的品牌塑造可能毫無益處，甚至可能起到副作用。品牌傳播，一定是按需定制，要在企業品牌訴求和顧客需求之間找到關鍵點。

第三節　主題酒店行銷管理

主題酒店是「主題」與「酒店」兩者的結合，以文化為主題，以酒店為載體，以客人的體驗為本質。因此，主題酒店是有別於普通酒店的，其行銷管理與傳統酒店的行銷管理既有聯繫又有區別，本節就結合市場行銷相關理論探討主題酒店的行銷管理。

一、主題酒店行銷管理含義

主題酒店行銷管理是指為了實現酒店的目標，建立和保持與目標市場之間的互利的交換關係，而對主題酒店各種設計項目的分析、規劃、實施和控制。主題酒店行銷管理的實質是需求管理，即對顧客需求的水準、時機和性質進行有效的調解。在行銷管理實踐中，企業通常需要預先設定一個預期的市場需求水準，然而，實際的市場需求水準可能與預期的市場需求水準並不一致。這就需要企業行銷管理者針對不同的需求情況，採取不同的行銷管理對策，進而有效地滿足市場需求，確保企業目標的實現。

市場行銷的目的就是充分發掘稀缺資源的使用價值，並使資源的利用率最大化，市場行銷需要有一個鮮明的主題來貫穿全局。正如李鶯莉、朱峰（2003）在分析華僑城主題公園案例時指出，主題概念是一條主線；如果說項目分區分期推出的產品是一顆顆珍珠，那麼項目主題概念就像一條主線，把這些珍珠串成一條項鏈。郭靜（2003）認為主題行銷是在行銷活動中注入一種思想、理念，使行銷活動由錢與物的交換變為

情感的交流，讓行銷具有了靈魂，更富人性化，從而激發顧客的購買慾望。吳丹（2007）認為，對於酒店來說，主題行銷就是酒店在開展各種經營活動時，根據消費時尚、酒店特色、時令季節、客源需求、社會熱點等因素，選定一個或多個主題為吸引標誌，向賓客宣傳酒店形象，吸引公眾的關注並令其產生購買行為。圍繞既定的主題來營造酒店的經營氣氛，突出酒店的文化品位，形成酒店的個性，這樣顧客在購買和使用商品過程中會得到精神享受，產生一種心理共鳴。

主題行銷分為兩個層次：第一層次是指主題促銷活動。一般是指在某一特殊的時間，舉行某一主題的促銷活動。例如杭州開元之江度假村的「四季主題」活動就很好地宣傳了度假村，增強了度假村的市場影響力。又如中國原國家旅遊局從1992年開始，每年都會給中國的旅遊業定一個主題，也是主題促銷活動的表現形式。主題促銷活動大多只是在概念上進行行銷，為行銷活動提供炒作的噱頭，幾乎沒有刻意生產與主題相應的產品，因此只是一種低層次的主題行銷。第二層次是要生產與主題相應的產品，如主題公園、主題酒店、主題城市、主題廣場、主題吧、主題購物、主題旅遊線路等，因此這是一種更高的主題行銷層次。

一方面，主題行銷是將市場行銷的組織實施過程從一個主題出發，並且所有過程或服務都圍繞這一主題展開，或者至少應設有一個「主題道具」，例如一些主題博物館、主題公園、主題酒店、主題遊樂區或以主題設計為導向的一場主題活動等。主題行銷的過程，使消費者強化了以目標主題為中心的消費體驗。另一方面，從體驗的角度看，主題行銷的過程實際上處處融入了體驗行銷的思想。彭雪蓉（2006）認為主題酒店的特點是主題化、體驗環境的依託性、參與性、體驗升級、感官刺激、體驗提示等。

酒店行銷是一個非常現代化的、理論化的、系統化的科學，同時又是靈活、複雜和多樣的。行銷不是經行銷售，它具有這樣一種功能：負責瞭解、調研賓客的合理需求和消費慾望，確定酒店的目標市場，並且設計、組合、創造適當的酒店產品，以滿足這個市場的需要。簡單說行銷就是為了滿足客戶的合理要求，為使酒店盈利而進行的一系列經營、銷售活動，行銷的核心是圍繞滿足客人的合理要求，最終的目的是為酒店盈利。

隨著中國經濟的不斷發展，酒店業日益發展且與國際接軌，成功的行銷是酒店在激烈的市場競爭中處於不敗之地的有效保證。作為現代酒店的經營，市場行銷其核心作用已是勢必所趨，當然酒店的行銷，必須與酒店內其他部門密切配合，如住宿與前臺、客房、用餐與餐廳、會議與工程、音響等，行銷部常常代表顧客的要求和利益，而顧客的要求有時非常挑剔，有可能影響其他業務部門的工作程序，行銷部應做好顧客與經營部門的協調工作。酒店的市場行銷是酒店經營管理的核心，市場行銷部門的作用在於溝通飯店和客源間市場的供求關係，調節顧客和酒店服務之間可能存在的矛

盾，以求酒店的最佳效益。

主題酒店脫胎於現代酒店業，它必然帶有許多現代經典的氣息。一方面，它是現代酒店業的組成部分，因此現代酒店業的行銷戰略戰術也基本適用於主題酒店，但僅僅這樣是遠遠不夠的，這並沒有充分發掘主題文化在市場行銷方面的潛力，無法強化主題文化在市場競爭方面的優勢。另一方面，主題酒店也是現代酒店與主題文化的結合，因此，主題酒店的市場行銷要將適用於現代酒店的行銷手段結合主題行銷的理論加以整合和優化，這種優化和整合的結果會帶來令人驚訝的市場競爭力和品牌影響力，同時消費者對於這樣的結合也表現出了空前的認可。所以對主題酒店和與之相關的市場行銷的探討既是熟悉的，又是陌生的，因此有必要做更加深入地探討。

二、主題酒店的文化行銷

（一）文化行銷的內涵

文化行銷與傳統意義上的行銷有所區別。它是在通常的行銷過程中，努力構築一個主題鮮明的活動，這類活動不是單純地把某一件商品或服務推銷給消費者，而是為了通過文化的內涵和影響努力與消費者達成默契，從消費者的內心去影響和引導消費者的行為。

從本質上講，文化行銷已經不是一個新鮮的內容。1943年，由美國著名猶太裔人本主義心理學家亞伯拉罕·馬斯洛（Abraham Maslow）關於「需求層次理論（Need-hierarchy theory）」早已為我們找到了答案。他把人類的需求按由低到高的順序依次分為五個層次：生理上的需要、安全的需要、歸屬和愛的需要、地位和受人尊重的需要以及自我實現的需要。他還認為：一般來說，五種需要像階梯一樣從低到高，當低一層次的需要獲得滿足後，就會向高一層次的需要發展。而且前兩個是基本的需求，後三個是相對較高的需求。隨著中國經濟實力的不斷增強，人們生活水準的不斷提高，人們已經基本滿足了作為一個自然人的基本需求即生理上的需要和安全上的需要。對於絕大多數人來說，尤其是那些經常到高檔星級酒店消費的人群，他們可以算得上是提前富起來的一部分。他們的消費行為已經不僅僅是為了物質上的滿足，很大程度上是為了精神上的滿足，他們願意通過消費來表達自己的品位與個性，希望得到別人的讚賞和尊敬，最終達到自我實現的需要。

文化行銷實質上是指充分運用文化力量實現企業戰略目標的市場行銷活動。在市場調研、環境預測、選擇目標市場、市場定位、產品開發、定價、渠道選擇、促銷、提供服務等行銷活動流程中均應主動進行文化滲透，提高文化含量，以文化做媒介，與顧客及社會公眾構建全新的利益共同體關係。

一般來說文化行銷有四層含義：第一，企業借助於或適應於不同特色的環境文化

開展行銷活動；第二，企業在制定市場行銷戰略時，須綜合運用文化因素實施文化行銷戰略；第三，文化因素須滲透到市場行銷組合中，制定出具有文化特色的市場行銷組合；第四，企業應充分利用行銷戰略全面構築企業文化。

酒店文化行銷是指充分運用文化的力量實現酒店戰略目標的市場行銷活動，即酒店根據自身特點，發現、甄別、挖掘、培養或創造某種文化理念，並將該種文化理念融入飯店的行銷活動流程中，提高酒店服務文化含量，營造文化氛圍，以文化作為媒介與顧客及社會大眾建立全新的利益共同體關係，用文化來延長酒店產品的消費價值鏈，提升產品的吸引力，增強酒店的整體市場競爭力。酒店產品文化行銷是實施文化行銷的基礎和核心，其關鍵在於如何打造產品的文化形象。在注重產品文化與目標市場文化適應的同時，應將文化寓於產品設計、生產和消費等環節，打造立體空間的、全方位的、高品質的文化氛圍，以文化裝飾和裝點酒店產品，增強產品的吸引力，提高顧客體驗的滿意度。

（二）主題酒店文化行銷的特徵

結合主題酒店的特點，主題酒店的文化行銷的特徵有以下幾個方面：

1. 專屬性（排他性）

當企業把自己獨特的文化貫穿於行銷活動之中時，就會形成特有的行銷文化，這種差異是只屬於一個企業的，它具有特殊的排他性和不可複製性。不同企業的特色管理模式、企業傳統、企業社會使命、企業員工的精神風貌都顯得與眾不同，這些都決定了企業的行銷文化所專屬的特有的味道，體現了其獨有的區別於其他企業的特色風格。

2. 延續性

從某種意義上來說，文化的內涵是逐步累積起來的群體意識，體現了較長時間的相對穩定性。因此，由於文化差異所形成的企業特色，也將隨著企業的發展而長久的存在。只要文化基礎一致，在此基礎上建立的企業行銷行為，不管採用什麼策略，其蘊含的文化都將隨之長期存在，進而由文化差異所形成的企業競爭力也會一代代長久地傳遞下去。理解了這些，就不難理解像「同仁堂」這樣的百年老店不管在什麼年代都散發出令人著迷的市場號召力和市場影響力。

3. 導向性

文化的影響是潛移默化的，它會不自覺地成為我們社會生活的行為向導。义化行銷的導向性表現為兩個方面。一方面，用文化理念來規範和引導行銷活動，雖然目的還是為了促進銷售，增加商業利潤，但文化層面的行銷會顯得不那麼的直白，少了幾分商業味道，讓人接受起來更加自然。另一方面，對消費者消費觀念和行為進行引導。消費習慣是可以創造和培養的，通過行銷活動達成和消費者的交流，從而直達消費者心靈深處，喚醒埋藏在消費者心靈深處的認同和共鳴，進而影響消費者，甚至改變消

費者原有的行為和生活方式。企業以這種方式來徵服消費者，從而達到培養忠實消費群體的目的。

4. 地域性

一般來說，「一方水土養一方人」，美國人在中國農歷八月十五是不過中秋節的，不瞭解中國歷史的他們也不明白為什麼中國人要在這個時候吃月餅。文化行銷的特點和其獨特的地域性是不可分的，這種獨特性源於不同的地區、國家所特有的文化歷史，不同的種族、民族、宗教、風俗習慣、語言、文字等因素都在不同的地域內劃定了其特有的勢力範圍，影響著區域內的居民。因此，在不同的區域內開展文化行銷活動一定要考慮該地區的文化背景，通過瞭解文化背景才能真正瞭解該地區的消費者，才能真正和當地消費者進行有效的溝通，只有消除交流障礙，才能真正實現文化行銷的目的。美國人在瞭解了中國歷史之後，也會理解為什麼中國人要在農歷八月十五吃月餅了。

5. 開放性

文化的可交流性決定了其開放性，因此，植入文化因素的文化行銷也有極大的開放性。一方面，文化行銷和其他行銷方式的結合往往能產生1+1>2的效果，並從價值理念的深度提升行銷的品位。當把普遍存在於人和人之間的社會關係和文化行銷結合後，原本的鄰里關係、家族關係、地緣關係、業務關係、文化習俗關係等等都變得不再單純，文化行銷處理上述關係都有微妙的公關意義，通過文化的層面建立起來的深層關係更加穩固和可靠。另一方面，文化行銷又為其他行銷活動不斷地推陳出新，如文化行銷結合網絡行銷的觀念出現了網絡文化行銷，結合體驗行銷的觀念出現了體驗文化行銷，結合關係行銷的理念出現了關係文化行銷等，這些文化行銷的開放性拓展了原有的行銷理念，同時也為豐富文化行銷的內涵做了有益的嘗試。

(三) 主題酒店文化行銷的策略

主題酒店的特色在於其獨特的文化內涵，其獨特的市場競爭力也源於此，這也是最能吸引消費者而區別於傳統酒店的地方。因此，主題酒店行銷的核心必然是文化的行銷，其酒店產品無疑是圍繞某一主題文化素材來做足文章的。酒店在設計與策劃行銷策略時要注意把握兩大主要問題：一是配合與協調，就是說酒店中各項行銷策略必須注意相互配合與協調；二是目標一致，行銷部門制定的各項行銷策略必須以正確的行銷理念為指導，即要處處貫徹「顧客導向」的觀念。下面將結合主題酒店的特徵，從市場定位、氛圍營造、主題產品三個方面來探討主題酒店文化行銷的策略。

1. 市場定位策略

無論市場行銷理論如何發展，其核心行銷思想仍是以顧客需求為中心，這一不變的理論指導著行銷實踐一定要以消費者為出發點，來確定酒店產品的開發、生產和銷售。因此，當消費者需求從注重基礎的產品數量、質量發展到注重產品文化內涵時，

酒店的行銷工作也將隨之變化，結合目標市場的目標消費者的文化需求，有針對性地樹立酒店特有的文化形象。這種定位一定要基於特定的消費者類型，明確產品能夠滿足消費者何種文化需求，並且在這種需求層面上和競爭對手又有所不同。在確定了目標市場存在的前提下，只有準確的市場定位才能使酒店在競爭中獨樹一幟，脫穎而出。成都圓和圓佛禪客棧就是一家以佛禪文化為主題的客棧，雖然規模不大，但獨闢蹊徑的準確主題定位為其贏得了不少顧客的青睞。

2. 氛圍營造策略

文化氛圍是一家成功的主題酒店不可缺少的，但氛圍不等於符號，並不是文化符號越多，酒店內所擺放的工藝品、裝飾物越豐富，主題酒店的氛圍就越好。主題酒店的產品都必須要在滿足顧客對酒店產品的基本需求的前提下，再對產品進行主題文化的深化和細化。主題酒店的文化氛圍營造必須符合酒店特性，符合人們審美需求。過於繁雜的文化符號會起到相反的效果。主題文化符號的設計與運用所起到的應是畫龍點睛的妙用，而不能本末倒置。

一方面，建築與外觀的氛圍表達。當客人到達某個酒店，首先對其造成的視覺體驗在於其建築外觀。因此，從這裡開始就應該考慮主題環境和文化行銷的結合。酒店建築總是和特定的人文環境分不開的，因此，有必要通過建築本身讓旅客感知它們所反應和體現的文化背景、歷史傳統、民族情感和人文風貌。這就要求酒店在設計之初選擇主題文化時必須對其要反應或體現的民族的、地方的、歷史文化的傳統精髓有深刻的理解，因此，酒店表現主題文化內涵所選用的建築形式，就必須甄別出最富特徵的建築符號來表現文化與傳統，從而使酒店充分體現歷史文化的人文美，傳遞特有而豐富的文化信息與內涵。國內外眾多成功的主題酒店都是這樣將表現主題文化的元素融入其中的，如：金字塔酒店（Luxor Hotel）雖然不在埃及，但是它卻以其宏偉與神祕的設計著稱於世。金字塔酒店的外形是一座綠色的金字塔，有人稱它為世界第四大金字塔。酒店的正門是一座巨大的獅身人面像，據說比埃及的原物還要大，是世界最大的獅身人面像。沒有親眼見過埃及金字塔的顧客看到這樣的建築首先就被其外觀給吸引了。每當人們看到金字塔，馬上就會想起這座金字塔酒店（圖4-4 金字塔酒店外景）。再如，紐約酒店（New York Hotel）也以其標誌性的特殊建築而備受關注，外觀按二分之一或三分之一的比例重現了紐約市的標誌性建築，包括門前的自由女神像，紐約的帝國大廈、公共圖書館等（圖4-5為紐約酒店外景）。這些建築元素都與其酒店的特色主題相協調，並在視覺上突出自己的主題文化以區別於普通的星級酒店，從而在行銷上產生明顯的差別優勢，即使擁有相同的服務，也比普通酒店更有市場競爭力。

圖 4-4　金字塔酒店外景　　　　　　　圖 4-5　紐約酒店外景

另一方面，內部環境與氛圍表達。主題酒店的特色不僅是在外部，其內部設計裝飾，除了基本的其物質功能外，更要注意其精神功能和文化審美價值，尤其強調意境、格調和氣氛的渲染，酒店通過這些藝術形式把文化意蘊和人們的審美情趣結合起來，從而加深意境、烘托氛圍。從酒店的內部環境來看，要注重用細節來體現更濃鬱的主題特色，從酒店的大堂到客房、到餐廳，從地板到牆壁、到天花板，每一處細節都要精心設計，讓顧客不經意間，在酒店的任何地方都能體驗到主題酒店所營造的文化內涵。從各功能區有形的裝飾到無形的聲、光、色、味等環境氛圍，讓客人感受到強烈的主題文化氣息。品種繁多的有形裝飾可通過壁畫、工藝品、民族生活用品等來展現。無形的氛圍通過觸發感官體驗來喚醒顧客對特定文化的理解，聲、光、色、味等是環境中營造氛圍的基本元素。聲是指根據主題內涵播放的相關內容的背景音樂，這樣的音樂可以調節顧客情緒，營造氣氛。光線要注意相互搭配的效果，運用得當往往能對主題文化起到「畫龍點睛」的作用。主題酒店還應有配套的主題色彩，並通過與之協調的 CIS 體現在文化符號、建築裝飾等的各個方面。主題色彩與其他色彩的搭配也應自然、和諧。味方面主要是指酒店為營造氛圍而選擇的特殊氣味，開業不久便在圈內小有名氣的成都圓和圓佛禪客棧就是個例子。踏進客棧，顧客便能聞到這裡獨特的寺廟香火的味道，聽到悠揚的以佛禪為內涵的背景音樂。這些細節都贏得了顧客對客棧的鍾愛。當然，以上多個因素要綜合運用，才能達到更好的效果。

3. 主題產品策略

主題產品策略是指在行銷過程中突出酒店產品在文化方面的意義和作用，把人們特有的價值觀、審美情趣、行為取向的文化內涵引入酒店產品中，以文化突出產品，以文化帶動行銷，凸顯文化主題，增強酒店核心競爭力。酒店圍繞文化主題設計產品，結合目標顧客的文化背景、消費習俗和酒店戰略目標，把消費者認同的地域文化、民族文化融入其中，從而達到引起消費者對文化產生共鳴的目的。由此共鳴產生的積極作用會促進顧客的消費偏好。根據目標顧客的不同，產品的造型設計既可體現其本身的民族文化或地域文化特色，也可體現異國他鄉的另類文化。既要繼承民族優秀的傳

統文化，又要創新發展並融合時代文化的風貌，利用文化差異增強產品的魅力，最終凸顯酒店的市場競爭力。

在具體的主題酒店產品的開發中，將主題文化融入常規酒店的餐飲、客房、會議室和娛樂項目等，設計出體現主題色彩濃烈的主題餐廳、與主題風格協調的主題客房、反應主題文化的娛樂場所設施等。如在主題餐廳中設有適應功能需要的各種風味餐飲服務區域；各餐飲服務場的命名應與主題文化相關，標示標牌設計美觀、典雅，易於識別；開發設計展示酒店主題文化的主題宴會和體現主題文化的菜肴系列，菜肴本身就是一種文化產品，現代美食觀講究「色、香、味、形、器、質、名、養」，可以通過形態美與質地美的和諧統一，實體美與意境美以及主題文化的有機交融，使顧客在用餐的過程中充分享受到物質和精神上的滿足。如全國首家以三國文化為主題的四川成都京川賓館，就將三國文化融入餐飲、客房和娛樂項目之中：在主題餐廳中將宴會廳命名為「蜀漢堂」，餐廳包間分別名為桃源廳、喧嘩苑、清風臺、銅雀臺等，且開發出了三國宴、蜀宮樂宴等產品，以及三國百家菜等百姓飲食，其中菜品也是以「桃園結義」「煮酒論英雄」等三國典故命名。而蜀宮樂宴則是模仿三國時期的宮廷樂宴，採用古代分桌而坐、歌舞佐餐的形式，極具特色；在主題客房中將一間豪華行政套房命名為「蜀漢帝宮」，意為劉備休息就寢之處，其他則有「關將軍府」「諸葛相府」等，在客房中有介紹和反應三國文化的圖書、雜誌等閱讀物；設立有「蜀漢文物陳列館」，向顧客展示文物精品；另外，還和武侯祠合作挖掘三國題材的旅遊產品，和康輝旅行社共謀打造「三國文化」旅遊等。

（四）文化行銷策略實施中需要注意的問題

酒店在實施文化行銷時，切忌只重視表面形式而忽視了具體的內容。做主題文化的營造不僅僅只是提出一些宣傳口號，而是要真正把主題文化和具體的產品和服務融合在一起。主題內涵豐富的產品才是有魅力的產品。

此外，酒店的行銷策劃方面不能只重視 VI（視覺識別）的設計，而不注重 MI（理念識別）和 BI（行為識別）的建設，造成表裡不一，徒有其表的後果。要從宏觀入手設計 CIS（企業形象識別系統），注重整體的協調性和統一性。

最後，文化行銷不是靠簡單的擺設就可以達成的，酒店的任何工作最終都是要靠員工來實現的，從這個意義上說，員工是主題文化重要的實施者。主題文化行銷對飯店的服務人員提出了更高的要求，服務員不僅要具備豐富的主題文化知識，能提供符合主題文化的專業服務，而且還要瞭解產品與顧客的價值觀念有何聯繫。因此要重視酒店員工對主題文化的培訓和學習，建立有效的激勵機制，培養員工自主表現主題文化的意識，運用文化的力量來影響員工。通過員工的努力使主題氛圍營造不僅僅停留在物和景的層面，而是活生生地展現在每一位顧客的眼前。

既然是做文化的文章，就要有打持久戰的思想。令世界著迷的中華百年老字號的

成就不是一朝一夕就完成的，無不經歷了幾百年的文化積澱才形成。因此，要想把文化行銷做得長久而且做出內涵，就要重視企業文化建設以及企業文化和主題文化行銷的結合，以企業文化為基礎來實施文化行銷，在這個層面的文化行銷才能實施的有理有據，長久不衰。

三、主題酒店的體驗行銷

同傳統市場行銷相比，體驗行銷（Experiential Marketing）是較為新鮮的一種銷售方式，是體驗經濟的一種產物。體驗行銷作為一種新的行銷思維方式，是伴隨著經濟形態的演進應運而生的。進入 21 世紀後，人類社會的經濟形態已經由農業經濟、工業經濟及後來的服務經濟轉變到了體驗經濟。體驗經濟的到來，意味著人們消費形態的轉變，即消費者不僅注重產品或服務消費所帶來的功用利益，而且更加希望在整個消費過程中（消費前、消費中和消費後）能夠獲得符合個體心理需要和情趣偏好的特定感受，能夠實現精神上的愉悅和自我情感上的昇華。而體驗行銷正是突破傳統行銷方式「理性消費者」的天然假設，將消費者認定為理性與感性的複合體，更側重從滿足消費者感性需求的維度出發去定義、設計行銷，是一種全新的行銷思維方式和思考方法。

主題酒店關注的是如何帶給下榻的客人以專屬於該酒店的、個性化的、標誌性的文化感受，以及獨一無二的、難以忘懷的消費體驗。與非主題酒店相比，主題酒店在提供高品質的、全方位的酒店服務的同時，更扮演著「特定文化載體」的角色。不同主題的酒店圍繞特定主題，通過營造個性化的文化氛圍，提供不同的文化服務向客人傳遞著不同的文化信息，使特定的文化（主題）與客人之間產生互動，引起情感上的共鳴，從而引發客人對酒店特定文化（主題）的認同感，並最終使其產生對作為文化載體的酒店本身的歸屬感，提高其對酒店的認可度。

可見，主題酒店的本質在於強調下榻酒店客人的親身體驗，這一體驗直接指向其對特定的酒店主題（文化）的感受，也正是這一本質決定了體驗行銷在主題酒店行銷策略中舉足輕重的地位和作用。

（一）體驗行銷的內涵

體驗一詞最早見於拉丁文，意為探查、試驗，指其來源於感覺記憶，許多次同樣的記憶在一起形成的經驗。最早提出消費體驗的學者是 Norris（1941），他強調消費體驗的重點不是物品本身，而在於物品的服務。Abbott（1995）認為體驗是透過活動來達成的，是介於人的內在世界與外在的經濟活動，同時強調體驗與消費者有關，消費者渴望的不是產品本身，而是滿意的消費體驗，產品的作用也就是為了執行服務，即向人們提供一定的消費體驗。約瑟夫·派恩和詹姆斯·吉爾姆在 1999 年出版的《體驗經

濟時代》中，將體驗定義為是一種價值遠高於商品與服務的經濟產物。他們認為，當企業有意識地以服務為舞臺、以商品為道具，針對特定的消費者，創造出值得消費者回憶的氛圍、事件或活動時，所謂的「體驗」便出現了。Holdrook（2000）將消費者體驗分為幻想、感覺以及趣味，並認為消費者在對幻想、感覺及趣味的追求過程中產生了對產品的體驗。

1. 體驗行銷的定義

美國康奈爾大學博士伯德·H. 施密特（Bernd H. Schmitt）在他所寫的《體驗式行銷》（*Experiential Marketing*）一書中指出，體驗式行銷站在消費者的感官（Sense）、情感（Feel）、思考（Think）、行動（Act）、關聯（Relate）五個方面，重新定義、設計行銷的思考方式。這種思考方式突破傳統上「理性消費者」的假設，認為消費者消費時不僅僅只有理性，而是理性與感性兼具。消費者在消費前、消費時、消費後的體驗，才是研究消費者行為與企業品牌經營的關鍵。

到今天，行銷界較為普遍的認為體驗行銷是指企業以客戶為中心，通過對事件、情景的安排以及特定體驗過程的設計，讓客戶在體驗中產生美妙而深刻的印象，並獲得最大程度上的精神滿足的過程。在消費需求日趨差異性、個性化、多樣化的今天，客戶已經不僅僅關注產品本身所帶來的「機能價值」，更重視在產品消費的過程中獲得的「體驗感覺」。

2. 體驗行銷的特徵

（1）注重個性化。當今社會，人們追逐個性化，一種體驗情景根本無法滿足消費者的多樣化、娛樂性需求。很多追求個性、講究品位的消費者，已不再光顧批發市場、小型商店，而是青睞名品名店，身在其中可以體驗高貴、典雅的裝飾，滿足個性化需求慾望。

（2）引導感性消費。長久以來，傳統行銷把消費者看成理智購買決策者，事實上，很多人的購買行為是感性的，他們對消費行為很大程度上受感性支配，他們並非非常理性地分析、評價，最後決定購買。消費者也會存在幻想，有對感情、歡樂等心理方面的追求，特定的環境下，也會有衝動。正如伯德·H. 施密特所指出的那樣：「體驗式行銷人員應該明白，顧客同時受感性和理性的支配。也即是說，顧客因理智和一時衝動而做出購買的概率是一樣的。」這也是體驗式行銷的基本出發點。因此，企業要考慮消費者的情感需要，應當「曉之以理，動之以情」。

（3）顧客主動參與。體驗行銷為顧客提供機會參與產品或服務的設計，甚至讓其作為主角去完成產品或服務的生產和消費過程。企業只提供場景和必要的產品或服務，讓顧客親自體驗消費過程的每一個細節。消費者的「主動參與」是體驗行銷的根本所在，這是區別於「商品行銷」和「服務行銷」的最顯著的特徵。離開了消費者的主動性，所有的「體驗」都是不可能產生並被消費者自己消費的。

3. 體驗行銷的理論基礎——「戰略體驗模塊」

《體驗行銷——如何增強公司及品牌的親和力》作者伯德·H. 施密特首先對「體驗」提出以下的定義：「體驗是個體對一些刺激（比如，售前和售後的一些行銷努力）做出的反應。人的一生離不開體驗。體驗常常來源於直接的觀察和（或）參與一些活動——不管這些活動是真實的、夢幻的還是虛擬的。」他認為體驗擁有者本人無法誘發體驗，體驗通常是被誘發出來的，喜歡、渴望、憎恨、吸引等體驗的動詞都能用之描述為誘發體驗的刺激因素。因此，行銷人員若想提供顧客難忘的感受，就必須提供能誘發顧客體驗的刺激因素，也就是實施體驗行銷策略。施密特結合生物學、心理學及社會學等多門學科，為體驗行銷建立了理論基礎，即「戰略體驗模塊」，如圖4-6。

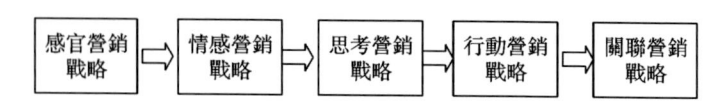

感官營銷戰略 → 情感營銷戰略 → 思考營銷戰略 → 行動營銷戰略 → 關聯營銷戰略

圖 4-6　戰略體驗模塊

戰略體驗模塊共由五個行銷戰略目標組成：第一，感官行銷戰略。利用各種感覺，通過訴諸視覺、聽覺、觸覺、味覺和嗅覺創造感官體驗。感官能用來實現公司和產品差異化、刺激顧客，從而為產品帶來增值。第二，情感行銷戰略。充分利用顧客內心的感覺和情感創造情感體驗。主要途徑是利用廣告宣傳來激發出顧客的某些特定情感和意願，吸引消費者購買。第三，思考行銷戰略。訴諸智力為顧客創造認知和解決問題體驗。一般來說高科技產品較多採用此行銷方式，現在很多其他產業也開始在產品的設計、銷售和與顧客的溝通中採用思考行銷方式。第四，行動行銷戰略。其目的是影響消費者身心體驗、生活方式並與消費者產生互動。通過昇華顧客身體體驗，向顧客展示不同的做事方式、生活方式並與之互動。第五，關聯行銷戰略。包含了感官、情感、思考與行動行銷的很多方面。關聯行銷同時又超越個人感情、個性，結合「個人體驗」，而使個人與理想自我、他人或是文化建立關聯，從而影響個人對某種品牌的偏好，並促成使用該品牌的人們形成一個群體。

例如咖啡：當咖啡被當成農產品販賣時，一斤賣 300 元；當咖啡被包裝為商品，放入精美的盒子或杯子裡時，一盒可以賣 50 元，一杯就可以賣 15 元；如果再加入服務，在咖啡店中銷售，一杯最少要 25~60 元不等；但如能讓顧客從體驗咖啡的香醇直至感受到一種生活方式，體悟到一種生活態度的話，一杯就可以賣到上百元。這也正是作為全球最大的咖啡連鎖店星巴克真正的行銷主旨所在，就是「體驗」，讓消費者在星巴克享受到只屬於星巴克的獨一無二的體驗。

（二）主題酒店體驗行銷的實施模式

體驗行銷的目的在於促進產品銷售，通過研究消費者狀況，利用傳統文化、現代科技、藝術和大自然等手段來增加產品的體驗內涵，通過體驗與消費者產生共鳴，甚

至帶給消費者心靈的震撼來促進酒店產品的銷售。

主題酒店體驗行銷主要有以下六種實施模式（見圖4-7）：

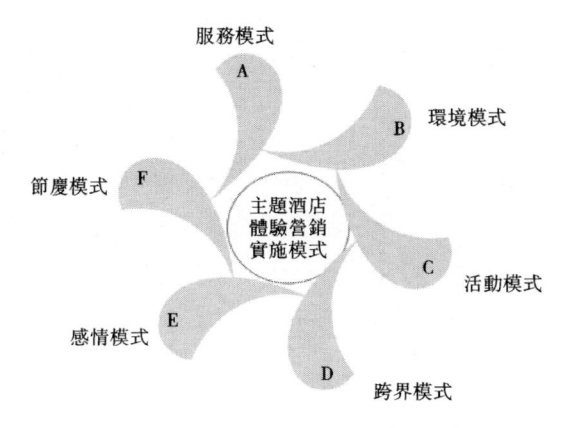

圖4-7　主題酒店體驗行銷的實施模式

1. 服務模式

對酒店來說，完善的服務模式，可以徵服廣大消費者的心，取得他們的信任，同樣也可以使產品的銷售量大增。主題酒店往往通過研發能夠反應其主題文化的服務模式，包括語言、手勢、服裝、用具、音樂、器具等，形成鮮明特色、獨具一格的服務模式，令消費者耳目一新。

2. 環境模式

主題酒店營造的特殊的文化氛圍，讓消費者在聽、看、嗅、觸等過程中，產生喜歡的感覺。因此，良好的服務環境，不但迎合了現代人文化消費的需求，也提升了主題酒店產品與服務的價值，最終使主題酒店的形象更加完美。

圖4-8　成都世紀城天堂洲際大飯店大堂

圖 4-9　成都世紀城天堂洲際大飯店外觀

3. 活動模式

為了滿足消費者個性化需求，酒店應該多開闢富有創意的雙向溝通的銷售渠道。在掌握消費者忠誠度之餘，滿足了消費大眾參與的成就感，同時也增進了產品的銷售。主題酒店要根據主題文化開發出參與性的主題活動，將顧客的被動消費變為主動消費。這樣，不僅活化了酒店的文化，同時，通過這種互動，增加了顧客對酒店的信任和好感。普陀山雷迪森莊園酒店自從為顧客提供了「禪修之旅」活動以來，口碑更上臺階。

4. 跨界模式

大中型主題酒店本身就是一個集多種功能於一體的服務平臺。這裡不僅裝飾典雅，環境舒適，設有現代化設備，而且集住宿、餐飲、辦公、購物、娛樂、休閒於一體，消費者在主題氛圍中同樣也會對別的功能產生強烈的消費慾望。將多元化經營融入主題體驗的範疇，還能創造更多的銷售機會，從而延伸酒店的產業鏈。

5. 感情模式

感情模式是通過尋找消費活動中導致消費者情感變化的文化因素，掌握消費態度形成規律以及有效的行銷心理方法，以激發消費者積極的情感，促進行銷活動順利進行。如某飯店結合某個殘疾基金會展開獻愛心活動，「顧客每住一天酒店，將為 XX 貧困山區的孩子捐贈 XX 元」的活動等。

6. 節慶模式

每個民族都有自己的傳統節日，傳統的節日觀念對人們的消費行為起著無形的影響。這些節日在豐富人們精神生活的同時，也深刻影響著消費行為的變化。把和主題相關的節慶作為賣點促成「假日消費」，既達到更好的解讀文化的目的，又能為酒店帶來商機，從而大大增加酒店的收益。如成都西藏飯店就是將藏族風情的雪頓節作為主題植入酒店節慶，從而為酒店客人帶來充滿異域風情的獨特享受。

（三）主題酒店體驗行銷的實施步驟（見圖4-10）

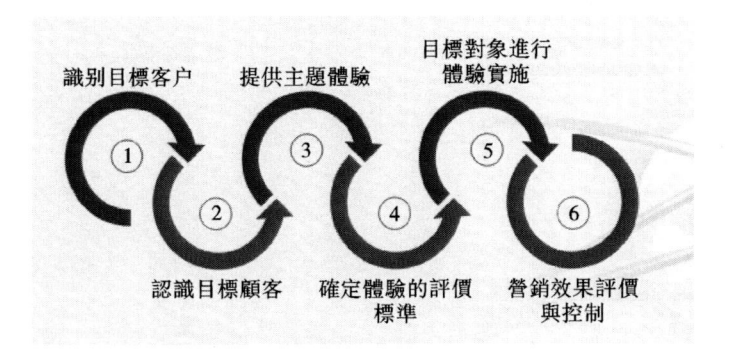

圖4-10　主題酒店體驗行銷的實施步驟

1. 識別目標客戶

既然是主題行銷，更加強調對象的針對性。識別目標客戶就是要針對目標顧客提供購前體驗，明確顧客範圍，降低成本。同時還要對目標顧客進行細分，對不同類型的顧客提供不同方式、不同水準的主題體驗。在運作方法上要注意信息由內向外傳遞的拓展性。

2. 認識目標顧客

認識目標顧客就要深入瞭解目標顧客的特點、需求，站在顧客的角度分析他們的境地，知道他們擔心什麼、顧慮什麼。酒店必須通過市場調查來獲取有關信息，並對信息進行篩選、分析，真正瞭解顧客的需求與顧慮，以便有針對性地提供相應的體驗手段，來滿足他們的需求，打消他們的顧慮。主題行銷能否成功從某種意義上講也取決於對目標顧客的認識是否準確。

3. 提供主題體驗

不同的客戶有不同的喜好，要清楚顧客的利益點和顧慮點在什麼地方，根據其利益點和抗擊點來決定適合他們的主題體驗，在主題式銷售過程中有針對性地推介主題產品。

4. 確定體驗的評價標準

要確定不同產品的賣點在哪裡，顧客對主題體驗後要進行效果評價。這樣在顧客體驗後，就容易從這些方面對產品（或服務）的好壞形成一個判斷。

5. 目標對象進行體驗實施

在這個階段，酒店應該預先準備好讓顧客體驗的產品或設計好讓顧客體驗的服務，並確定好便於達到目標對象的渠道，以便目標對象進行體驗活動。

6. 行銷效果評價與控制

行銷的實施完成後並不是說工作就完成了，後續的評價也是行銷工作的一個重點。

評價的過程其實是為後續的實施做修正和指引，因此，要重視行銷活動的效果評價。酒店在實行主題行銷後，還要對前期的運作進行評估。評估總結要從以下幾方面入手：效果如何；顧客是否滿意；是否讓顧客的抗拒得到了提升釋放；酒店通過實施行銷活動後，其投入產出效果如何以及是否能夠承受。通過這些方面的比對和判斷，酒店可以瞭解前期的執行效果並加以修正，為後續的運作做有益的參考。

（四）體驗行銷中需要注意的事項

1. 設計精妙的體驗

企業著力塑造的顧客體驗應該是經過精心設計和規劃的，即企業要提供的顧客體驗對顧客必須有價值並且與眾不同。也就是說，體驗必須具有穩定性和可預測性。此外，在設計顧客體驗時，企業還須關注每個細節，盡量避免疏漏。

2. 量身定制酒店的產品和服務

當產品和服務被定制化以後，其價值就得到了提升，提供的產品與顧客的需求也最接近。大規模地定制可以將商品和服務模塊化，從而更有效地滿足顧客的特殊需求，為他們提供優質價廉、充滿個性化的產品。此外通過電子郵件、網站、在線服務、電話、傳真等通信手段，酒店可以迅速地瞭解客戶的需求和偏好，為產品和服務定制化創造條件。

3. 在服務中融入主題的體驗成分

科學技術的發展使得產品同質化越來越嚴重，而服務更容易模仿，所以在服務中增加主題體驗成分可以更好地突出個性化和差異化，而這種凸顯的個性和差異會更好地吸引消費者。

4. 突出以顧客為中心

以顧客為中心是企業實施體驗行銷時的基本指導思想。體驗行銷首先要考慮體驗消費的環境，然後才考慮滿足這種消費環境的產品和服務，這是一種全新的行銷思路，充分體現了顧客至上的思想。細緻入微的服務也是以顧客為中心來實現的。

5. 注重客戶心理需求分析

心理層面的東西，往往會在潛移默化中指引著人們的行為。當人們的物質生活水準達到一定程度以後，其心理方面的需求就會成為其購買行為、消費行為的主要影響因素。因此酒店行銷應該重視顧客心理需求的分析和研究，挖掘出有價值的行銷機會。為此酒店必須加強產品對顧客心理滿足的開發，重視產品的品位、形象、個性、感性等方面的塑造，營造出與目標顧客心理需求相一致的心理屬性。正是由於主題文化消費屬於顧客內在的心理層面的消費，所以成功的主題酒店往往能培養出最為忠實的消費群。

6. 延長基於體驗的價值鏈

酒店的消費也是一個系列，是一個組合，因此要求主題酒店的行銷工作要把主題

產品的研發拓展到相關領域中去，形成完整的價值鏈。一方面，價值鏈越長，消費者對酒店主題文化的體驗也越深刻，另一方面，價值鏈越長，酒店的經營收入也越多。這是一個雙贏的目標。

近年來，隨著基於互聯網技術的進一步發展，網絡行銷在住宿業行銷中起到了舉足輕重的地位，如何運用網絡工具和大數據為酒店行銷服務已成為21世紀酒店業營運的重要內容之一。因此，建立主題酒店的良性生態行銷系統勢在必行。

案例1　花間堂的品牌推廣與活動行銷

一個幻想出來的客棧，
一個從花叢中長出來的房子，
一個需要用心去丈量的地方，
一個所有人心生向往的「烏托邦」。

不僅身處旅遊目的地的中心，我們本身就是旅遊目的地；
不僅為你挖掘名山大川抑或小橋流水的故事，我們本身就是故事。

天地之間，我們漂流著，
然後在這裡——花與花之間，相遇……

圖4-11　蘇州花間堂大門

一、花間堂簡介

花間堂於2009年誕生於中國第一個世界文化遺產地——麗江，它將高端精品酒店的服務理念與地方民居、民俗等人文特色完美融合，開創了文化精品度假酒店的先河，並逐漸拓展成集唯美人文客棧、精品度假酒店和度假村於一體的文化旅遊公司。花間

堂是一座座綻放在花叢中的古老庭院，它們坐落於歷史悠遠的古鎮或鄉村，大都是受到保護的文物級古建，花間堂以正宗古法予以修復，依託當地人文資源加以開發，將富有地方特色的文化元素與現代設計相融合，並以家庭式、老友式的服務貫穿始終，是極具親和力和舒適感的小體量休閒酒店。店內還配有漫讀書吧、影音室、西餐廳、小型會議室、紅酒吧、茶室及女子SPA會所等增值服務。花間堂始終致力做中國文化的推手，期望通過對中國式幸福哲學的傳頌，讓世界看到註解時代、氣韻生動的中國文化之美。

最初盛開在麗江的花間堂唯美人文客棧，它一路綻放，束河、香格里拉、周莊、蘇州、杭州、無錫、閬中……如今已成為集客棧、精品酒店和度假村於一體的連鎖品牌，「花枝」不斷伸展，但那份追尋美與歡樂的初心從未改變。

二、市場定位

（一）產品定位

花間堂將自己定義為「文化精品度假酒店」，將高端精品酒店的服務理念與地方民居、民俗等人文特色高度融合，兩種產品形態各取其所長。於產品論，比之點狀經營、各自為政的地方民宿，花間堂在酒店設計、預定系統、行銷宣傳、房間備品與餐飲配套等層面明顯更具品質；而對比國際酒店集團管理的精品酒店，花間堂在傳承與保護當地人文特色方面則更勝一籌，像蘇州花間堂探花府落址於咸豐二年探花、晚清重臣潘祖蔭的老宅之中，花間堂麗則女學則是脫胎於民國初期江南古鎮第一所女子學校的麗則女學。每一處花間堂彷彿都在訴說著一段流光溢彩的往昔歲月。歷史悠遠、唯美人文的主題客棧，中路隱於市、鬧中取靜的精品酒店，小隱隱於野、怡情山水的度假酒店，三者交相輝映。

（二）客戶群定位

花間堂希望成為有生活品位、追求心靈滿足、活躍的中高端商務人士的旅遊休閒度假首選。核心目標客群是30~50歲的消費群體，其中20世紀70年代出生的占43%，20世紀80年代出生的占33%，更偏重於女性客群。這個群體的特徵是有生活品位，追求過程享受與心靈滿足，喜歡尋求個性化、有特色、唯美優雅、有品位的、互動的休閒度假體驗。

（三）品牌定位

花間堂品牌核心主張為：分享美與快樂。為此，在精品酒店領域中，花間堂創建了一個新的細分市場：唯美人文客棧。它是指小型、高檔、休閒度假式的文化主題型連鎖精品酒店。花間堂把自己定位為唯美人文客棧，這三個詞均有其意義：它從屬於酒店行業，屬於精品酒店，在花間堂自身單體上，它的硬件更美、更細節、更精致，軟件上則更溫暖，跟客人的關係更親近。每個花間堂的院子都有自己的背景和故事，每所花間堂都結合著當地的人文特色去開發，為客人提供豐富多彩的人文生活體驗，

甚至花間堂本身也已成為旅行度假目的地。花間堂倡導家庭式、老友式的服務，是極具親和力和舒適感的小體量休閒酒店，希望客人們感到溫馨、舒適，像回家一樣。此外，花間堂度假村重新定義了中國人的度假方式，它選址於風景絕佳之處，不僅可以體驗舒適安逸的入住，在吃喝玩樂上更是創意不斷，各種玩法層出不窮、推陳出新，「玩」也是一種修行。

　　花間堂在市場細分上跳出了現代酒店的束縛，超越了傳統客棧的思維，逐漸確定了具有自身特色的酒店細分品類。在任何一家花間堂品牌下的酒店，你既可以體會到星級酒店的舒適與私密，又能感受客棧濃鬱的自然人文氛圍。

圖4-12　花間堂兒童娛樂區

三、品牌推廣

（一）網絡行銷

　　網絡行銷是企業以實際經營為背景，以網絡行銷實踐應用為基礎，從而達到一定行銷目的的行銷活動。隨著互聯網影響的進一步擴大，人們對網絡行銷理解的進一步加深，以及出現的越來越多網絡行銷推廣的成功案例，人們已經意識到網絡行銷的諸多優點並越來越多地通過網絡進行行銷推廣。對於微博微信行銷我們已不再陌生，這裡主要介紹其他幾種行銷方式：

1. 體驗式行銷

伴隨體驗經濟應運而生一種新的行銷方式——體驗行銷，它是基於消費者精神享受和心靈體驗的行銷活動，通過系列的行銷規劃調研服務等措施，在使消費者身心需求得到滿足的同時，完成消費者的良好體驗，最終實現消費者品牌忠誠提升的預期目標。如 2015 年 2 月 8 日，攜程與花間堂在其四川新店所在地閬中市舉行了深度品鑒會，攜程為花間堂獨家打造「探秘中國最年味」0 元申請花間堂閬宛體驗師活動，吸引了上萬粉絲的熱情參與，更有「399 元深度體驗閬宛風情」限量發售，在活動半小時內一搶而空。不僅如此，每位入住花間堂的客人都會產生深刻的感知記憶，花香、墨香、茶道，「飲綠軒」「多多的麵包樹」裡的咖啡與糕點，茴香餐廳、桔梗餐廳以及「探花宴」上的各式菜肴，那些彌漫在花間的味道記憶揮之不去。

圖 4-13　杭州花間堂茴香餐廳

2. 病毒式行銷

病毒式行銷模式來自網絡行銷，利用用戶口碑相傳的原理，是通過用戶之間自發進行的、費用低的行銷手段。

對於品牌的推廣，精品酒店相較於傳統酒店往往更依賴於口碑傳播，因此，培養品牌的追隨者無疑是精品酒店的重要工作。花間堂的粉絲被稱作「花粉」，花間堂正在做的，就是通過多個鮮活且優質的軟性活動讓這支隊伍迅速壯大，借助他們的力量實現圈層行銷與口碑傳播。

3. O2O 立體行銷

O2O 立體行銷，是基於線上（Online）、線下（Offline）全媒體深度整合行銷，以

提升品牌價值轉化為導向，運用信息系統移動化，幫助品牌企業打造全方位渠道的立體行銷網絡。它根據市場大數據分析制定出一整套完善的多維度立體互動行銷模式。而位於山塘人家的「花間拾零」則是花間堂嘗試 O2O 邁出的第一步，這裡除了承擔傳統意義上禮品店（Gift Shop）的功能外，更重要的是通過二維碼向住宿提供了 O2O 的體驗，開啓花間戀物美學。

無論你看上的是酒店柔軟的睡衣、輕巧的拖鞋，還是散發著淺淺花香的洗浴用品，只需要掃描二維碼進入「花間拾零」的微點界面在線下單，這些器物就會由快遞員送到你家。每個喜歡在花間堂的人都可以通過這種 O2O 的方式把花間堂的美帶回家，在自家還原花間堂的怡然生活。

4. BBS 行銷

BBS 行銷就是利用論壇這種網絡交流的平臺，通過文字、圖片、視頻等方式發布企業的產品和服務的信息，從而讓目標客戶更加深刻地瞭解企業的產品和服務，最終達到宣傳企業的品牌、加深市場認知度的網絡行銷活動。這個應用已經很普遍了，尤其是對於個人站長，大部分到門戶站論壇灌水同時留下自己網站的連結，每天都能帶來幾百 IP。花間堂與豆瓣、貼吧、一個人旅行等論壇磋商合作，將花間堂的網站與各大論壇超連結，並且在論壇首頁將花間堂客棧置頂；與榕樹下、紅袖添香等網站聯手舉行「麗江遊」「印象花堂」有獎徵文，獲獎者可免費入住。

（二）活動行銷

1. 企業活動行銷

活動行銷通常是企業行銷的制勝法寶。企業通過投資主辦活動，並以活動為載體，以產品促銷、提升品牌、增加利潤為目的而策劃實施的一種行銷手段和行銷模式。企業活動行銷的形式有產品推介會、發布會、路演、促銷活動、贊助各類賽事論壇、系列主題活動等等。

此類行銷花間堂做了很多。2012 年 4 月，在周莊花間堂店開幕之際，邀請周莊嘉賓及專業媒體共同領略紅酒文化講座、旗袍秀、阿婆茶表演、昆曲表演等內容，在休閒輕鬆的氛圍中同時舉行「夜話周莊」詩歌散文大賽、「周莊印象」中國旅遊工藝品大賽兩個活動啓動儀式，對外發布相關信息。2014 年 5 月的杭州西溪花間堂開業活動是從「趕集」為出發點，效仿 20 世紀 90 年代的農村趕集市場，接下來伴以晚宴，將開業典禮變成了一場輕奢派對。由於處在西溪濕地度假區內，該店還承接各類商務活動或私人派對，如跨界對話、閨蜜私享、畢業獻祭、寵物聚會等，將「住」和「玩」很好地融為一體。2014 年 8 月，花間堂在重慶舉行了名為「旅行的意義」的粉絲見面會，花間堂創始人張蓓分享了花間美學和她開創花間堂的故事，介紹了花間堂最新開業的客棧，各位粉絲也踴躍發言，提出了自己對花間堂的看法、理解和建議，並與張蓓互動交流，最後，著名旅行家、《背包十年》的作者小鵬進行了「我的旅行世界觀」

的演講，分享了自己背包14年的點點滴滴。

2. 媒體活動行銷

媒體活動主要是由媒體發起策劃組織的以豐富和完善媒體自身內容為主要目的的活動。隨著媒體資源的過剩，媒體越來越借助活動來吸引受眾和商家的注意力。例如花間堂麗江客棧根據納西族的風俗節日，與電視臺共同承辦節日晚會，以影音圖像的方式，讓更多的人瞭解麗江、瞭解花間堂，邀請旅遊節目來花間堂取景拍攝，將麗江、花間堂更直接地呈送到觀眾面前。

3. 非營利組織行銷

圖4-14　花間堂捐贈箱

非營利性組織在主要靠企業或民眾捐助來運行。而所謂捐助，則主要是出於道德驅動的行為，屬於善行善舉，捐助者基本上不會考慮其經濟上的回報。花間堂始終懷著感恩的心，在保護和傳承所在地的自然人文特色的同時，更將慈善公益行動融入日常的客棧生活。例如，在免費自助的水果吧和零食吧，客人們可以往愛心存錢罐裡投入自己的小小心意，所得善款將以花間堂客人的名義捐贈給貧困山區的孩子，資助他們繼續讀書。花間堂不僅為貧困山區的孩子提供教育資助，還積極參與「蓓蕾花開計劃」，以定向培養的方式讓「特困、特優」的孩子能夠繼續他們的學業，資助他們接受職業教育，讓他們掌握職業技能，授人以漁，並且100%解決孩子畢業後的就業問題，讓他們真正改變自己的命運。同時，鼓勵被資助的孩子以自己的力量幫助更多的孩子，讓他們從被資助者轉變為資助者，實現積極向上和充滿幸福的人生。

花間堂作為「酒店本身就是旅遊目的地」的引領者，無論是從酒店本身還是從行銷

方面來看，花間堂都是成功的。2015 年花間堂旗下酒店的整體入住率約為 75%，共營運房間 413 間，2016 年可營運的房間數量突破 800 間。一年內將房間數量翻倍，75%的高客房入住率（根據中國旅遊飯店業協會統計，2015 年全國五星級、四星級飯店的平均出租率為 56%、61%）都顯示出它在慘烈市場競爭中展現的勃勃生機與美好前景。

當住宿的過程成為與靈魂溝通的途徑，客棧本身已經有了情感，購買不再是交易，與花間的相遇，是花開時的會心一笑，是交談中的一見如故，是與貓貓狗狗嬉戲時的渾然忘我，也是心靈覺醒後的喜悅平和。

因為一見傾心，所以攜手同行。

案例 2　創造生活的第四空間——亞朵酒店的品牌釋義與傳播策略

亞朵酒店是以閱讀和攝影為主題的人文酒店。它創立於 2013 年，截至 2015 年 5 月，已擁有開業酒店 51 家，簽約酒店 158 家，成為行業內發展最快、第三方顧客點評最好的連鎖人文酒店。亞朵酒店致力於為高品質的客房產品設施、溫馨細緻的服務注入濃厚的人文氛圍，為中高端商旅人士打造理想的住宿體驗，並且一改酒店單一的住宿功能，將攝影與讀書元素融入酒店，使亞朵在創造住宿品牌的同時形成一種生活方式。

一、酒店市場格局的分析

目前，由高端星級酒店與低端經濟型連鎖酒店主導的「啞鈴形」結構正在發生改變：各路資本與企業紛紛轉戰中檔酒店市場，「橄欖形」有望成為中國酒店業新格局。中檔連鎖酒店存在巨大的成長與整合空間，但營運環境正發生變化，眾多酒店品牌都在競爭，爭相在中檔酒店中獨占鰲頭。並且當下，消費者也正逐漸從瘋狂追求豪華到迴歸理性。

隨著國際品牌高端連鎖酒店將中國列為重點發展區域，經濟型酒店則競相圈地，多家商務型酒店和旅遊酒店也在經濟恢復、旅遊發展的前提下獲得收益上的較高增幅。

亞朵酒店在這競爭和機遇並存的環境中突起，攝影與讀書等多種生活興趣的集合在酒店業裡獨樹一幟。

二、亞朵品牌起源

亞朵是一個真實的名字，源於雲南怒江州的美麗的福貢縣亞朵村。村莊隨處可見的教堂和有著基督教信仰的村民，讓這個地方充滿了寧靜與安詳，這正是匆匆碌碌的都市人所追求的。

創業者王海軍將亞朵村清新、自然、樸實的人文精神融入創業產品中，希望給旅行以及出差的人們一個良好的居住體驗，不僅是秀麗的風景，而且要好玩、有趣、更加生活化。於是，理念與精神的融合誕生出亞朵酒店，亞朵意在行銷充滿人文情懷的

舒適、樸實、清新、靜謐之地。

圖 4-15　雲南怒江州福貢縣亞朵村

三、亞朵品牌內涵

1. 亞朵品牌屬性

亞朵品牌 LOGO 由 22 朵小花和一個變形的「A」構成，22 朵小花，既像花朵又像雲朵，簇擁在一起，蓬蓬勃勃，22 朵小花，有四種顏色，象徵春夏秋冬四季，變形的英文字母「A」仿佛一張笑臉。LOGO 的含義是花開四季，微笑迎客。且 LOGO 分為彩色純色兩種：彩色的 LOGO，四種顏色，充滿生機，喜氣洋洋；綠色的 LOGO，自然、清新，是亞朵的標誌色。如圖 4-16 所示。

圖 4-16　亞朵酒店 LOGO

2. 亞朵品牌個性

亞朵的品牌個性可以用四個詞來形容：舒適、清新、樸實、靜謐。

這四個詞被放在了一個「第四空間」的概念之下，第四空間承載了人們旅途中的歡樂與悠閒，忙碌與釋然，在路上更是在心靈上給人們一個放鬆舒展的空間。

3. 亞朵品牌文化

亞朵用跨界的互聯網思維經營一個酒店產品，讓客人體驗到酒店不再僅僅是一個住宿的地方，更是一個生活空間。它將人文情懷融入具體產品和服務，並集中目標群提供社群討論交流空間，這將成為實現亞朵生活方式的途徑。

亞朵不堆砌硬件，在最影響客人住宿體驗的痛點上集中投入，比如床、WiFi、早餐、洗浴等。亞朵的收入來源除房費之外，餐飲、創意禮品形成了複合結構。

4. 亞朵品牌價值

亞朵思考酒店的未來，酒店最有價值的是人情。

如今住在酒店的人是具有消費力的中產階級群體，他們工作再努力，睡覺再少，在一個酒店也要停留6~8個小時。對於酒店來說，如何從經營房間到經營人群，是一個挑戰。亞朵提出的一個想法就是「始於酒店，而不止於酒店」。

四、亞朵品牌傳播策略

1. 視覺之美──攝影與酒店

聚焦屬地人文風情的攝影主題是亞朵酒店文化的重要組成部分。

亞朵通過簽約攝影師，以攝影大賽的形式來傳播酒店圖片，在官網展示「睡我所愛」，以此來進行視覺分享且對酒店的空間進行全面良好地展示，以會員眾籌、社交網絡分享以及衍生文創商品的方式擴大酒店的知名度。每家酒店在開業之始，會根據地理位置設定主題向社會徵集照片作為酒店的裝飾照。

圖4-17　亞朵酒店休閒吧

以攝影為主打的傳播，可謂是引起了一定規模各地攝影及旅遊愛好者的興趣，他們對酒店攝影活動的熱情更是酒店宣傳的最佳助動力，攝影迷加上社交網絡分享的廣泛傳播力為亞朵品牌製造了迅雷不及掩耳之勢的知名度。

2. 知識海洋——書與酒店

莫愁旅途無知己，愛書之人遍天下。

在亞朵官網有「我愛書」標語，一是引起愛書之人濃厚的興趣，二是為旅行者提供精神的食糧。每座亞朵酒店都設有藏書千冊的竹居，只有經過亞朵的愛書人親自閱讀、鑒定品質的書才出現在竹居的書架上，不辜負任何人難得的閒暇時光。閱讀空間24小時為客戶開放，旅遊的人可以放鬆身心為遊玩的心靈找一處安放之地，出差的人也不必枯燥地看電子屏幕或呆板的電視機，讀書絕對是一種讓人安心、充實的選擇。

圖4-18　亞朵酒店閱讀空間

更人性化的是，沒讀完的書不用因急於歸還而心有遺憾，書可以隨身暢讀，異地歸還即可，還書點評還贈送積分。這無一不體現了亞朵品牌對顧客的尊重以及跟顧客心靈上的交流。

3. 第四空間創立——生活、社交與酒店

第四空間這個概念來自星巴克的「第三空間」的啟發——星巴克曾認為自己是顧客除了家和辦公室之外的第三空間。第四空間承載了人們旅途中的歡樂與悠閒、忙碌與釋然。在路上更是在心靈上給人們一個放鬆舒展的空間。

第一空間：家通常被看作是避風的港灣，但「有時候的家，悶得讓人說不出話」；第二空間：辦公室有夢想有動力，可同時也有紛爭有壓力；第三空間：每個人都在看風景，也被人當作風景；唯有酒店這個「第四空間」：既提供私密空間，也有第三空間所包含的所有魔力。而要享受這個魔力，則需要人們把節奏放慢下來，把心放下來，用四個方面來詮釋慢生活：讀書和藝術、潔淨和舒適、安全與信任、和睦與友好。

亞朵酒店以第四空間為發展態度，使酒店成為生活活動的承載體：講座模式——每月有大講堂，定期舉辦閱讀、攝影人文講座；創意禮品——體驗型O2O；輕餐飲模式；閱讀——24小時書店；為生活開發的各種創意小物，讓亞朵的愜意氛圍也能在家中蔓延。

4. 品牌全方位打造——亞朵生活產業鏈

亞朵以人文情懷為原點，打造始於酒店但不止於酒店的亞朵生活產業鏈，酒店床

品的O2O就是一個開始。通過文化、服務和產業鏈建設，打造亞朵的品牌。

五、亞朵願景

亞朵，第四空間，它正在成就一種生活方式。

星巴克開創了第三空間的時代，成為第一空間（家）和第二空間（辦公室）的延伸，成為世界聞名的生活方式品牌；亞朵希望通過閱讀、人文攝影、與高品質產品和超預期的服務相結合，成為人們在路上的夥伴，並把亞朵倡導和引領的生活方式，帶回第一、第二、第三空間，從而成就亞朵的生活方式。

亞朵酒店CEO王海軍說：「這世界從來不缺品牌，更不缺賺錢的品牌，但缺一個有情懷的品牌，缺一個有理想的品牌，缺一個對社會有正能量和責任的品牌，我們要靠我們的激情、創新、使命和理想創造一個中國的生活方式品牌，成為人們生活中不可或缺的一部分，只有夢想、理念、使命、價值觀才能夠讓我們走得更遠！」

第五章
主題酒店人力資源管理

傳統酒店的特徵是以客房餐飲為主營業務，產品和服務形式單一。而主題酒店的魅力恰恰在於它打破了酒店傳統經營模式。在主題酒店的經營管理中，人才占據了非常重要的地位，主題酒店需要更加專業化、多元化的人才。本章將探討主題酒店的人力資源管理。

第一節　主題酒店人力資源管理概述

一、酒店人力資源管理研究現狀

酒店人力資源管理的核心問題是確立人力資源戰略，這是酒店在人力資源發展和管理方面具有長遠性、全局性和根本性影響的方針和政策，體現了酒店在人力資源管理和開發方面的指導思想和發展方向，也為酒店的人力資源計劃、管理和開發提供基礎和指導。國內外專家研究，酒店人力資源管理基本包括員工招聘、培訓、績效考核、職業生涯規劃、薪酬、溝通六個方面。在進一步研究中，國內外專家發現現代管理的人性化迴歸是人本管理的最終詮釋，以員工尊嚴、員工追求、員工發展、員工情感為出發點的管理其本質特徵就是考慮到員工是一個個體的人。從招聘酒店員工時就要讓應聘者充分瞭解所要應聘的工作崗位，對於員工的培訓要注重針對性和層級管理，在員工的績效考核中要給予一定的激勵措施，重視員工的職業生涯規劃，提高員工的滿意感，加強員工的溝通，促使員工也參與到酒店的管理中來。

自20世紀80年代開始，就有外資進入中國酒店業。如今外方管理的中國酒店數量已經相當多了。而引進國外酒店管理集團的管理也是中國酒店業在自我成長過程中不可缺少的一步。儘管由於實行了成熟的人力資源管理政策，使得大多數外方管理酒店在中國大陸市場上取得了較強的競爭力，但在外方管理酒店人力資源的實際管理當中，還存在著一些問題，如：由文化差異引起的薪酬模式實施困難問題、由員工素質低引起的服務質量問題、由員工跳槽引起的人才流失問題。管理人才的真正成熟還需要很長一段時間。

二、主題酒店人力資源管理含義

根據旅遊企業的性質和特點，酒店是提供服務產品的企業，員工直接參與服務產品的生產過程，向顧客提供面對面、高接觸的無形服務。雖然隨著科學技術的進步，酒店的硬件設施不斷提升，部分住宿和服務設施實現了自動化和顧客自主化，但是酒店提供的服務仍無法為機器或物質生產過程所完全代替，而且顧客越來越需要高接觸、體貼入微、富有人情味的個性化服務。同時，隨著體驗經濟時代的到來和酒店業市場競爭的日益激烈，主題酒店已成為酒店行業的一個重要發展方向。主題酒店是一種新的理念，它要求酒店明確自己的主題，並將該主題滲透於酒店經營管理的各個空間和各個環節，作為經營管理重要組成部分的人力資源管理同樣要體現出主題理念，從而

保障主題酒店的經營和戰略目標實現。

經典管理學認為「人事」是管理的五大職能之一，人力資源管理與生產、銷售、財務管理等都是組織（企業）一項不可或缺的基本管理職能，依據這一認識，可以把人力資源管理理解為就是「人事」管理職能的實施和具體操作的總和。因此，通過不斷獲得人力資源，把得到的人力資源整合到組織中而融為一體，保持和激勵他們對本組織（企業）的忠誠與積極性，控制他們的工作績效，盡量開發和激發他們的潛能，以實現組織（企業）目標，這樣的一些活動、職能、責任和過程的總和就是人力資源管理。

根據以上對人力資源管理的認識，結合主題酒店的性質和特點，主題酒店人力資源管理可以理解為：在人力資源規劃和工作分析的基礎上，圍繞主題酒店發展戰略和經營目標，進行的員工招聘、培訓、考評、激勵等一系列工作。

三、主題酒店人力資源管理的主要內容

根據人力資源管理一般原理，結合主題酒店的特點，主題酒店人力資源管理包括人力資源規劃、崗位分析和設置、員工招聘、員工培訓、績效考評、薪酬設計、激勵管理、勞動關係等主要內容。

（一）人力資源規劃

一般而言，從一個企業到產業的形成和發展，所憑藉的最主要資源有資金資源、人力資源、技術資源。主題酒店的產生也不例外。與其他類型的住宿產品比較，主題酒店在組織結構、產品形態、營運管理上存在著極大差異，因此，主題酒店對人力資源具有更大的依賴性和專業性要求。所以，建立一個區別於非主題酒店的人力資源體系對於提高主題酒店的競爭力，具有十分重要的意義。

主題酒店人力資源規劃，是指為了讓主題酒店在不斷變化的內、外部環境中能夠穩定地擁有一定質量和必要數量的人力資源，以實現主題酒店戰略和經營目標而擬定的一套措施，使人員需求和人員擁有量在主題酒店未來的發展過程中相互匹配。具體而言，主題酒店人力資源規劃就是通過規劃人力資源管理的各項活動，努力使員工的需要與主題酒店需要相適應，形成高士氣與高效率的相互滲透和支持，確保主題酒店總體目標和戰略的實現。

（二）崗位分析和設置

崗位分析和設置，又稱工作分析、職務分析，是指通過觀察和研究，掌握崗位的固有性質和崗位之間的相互關係，以確定該崗位的工作任務和性質，以及工作人員在履行該崗位時應具有的技術、知識、能力和責任。崗位分析和設置的內容可以用「6W1H」七要素來概括，即工作主體（Who）、工作內容（What）、工作時間（When）、工作環境（Where）、工作方式（How）、工作原因（Why）和工作關係（for

Whom）。

與傳統非主題酒店相比，除了酒店經營需要的常規人才外，當前主題酒店還急需如下人才：

1. 設計規劃人才

此類人才需要既瞭解酒店產品同時又熟悉利用各種藝術手法表現文化主題。

2. 產品的研發人才

與非主題酒店不同，主題酒店在營運管理中面臨著主題文化產品的延伸，並且產品需要更新換代，需要形成產品鏈，從而形成新的企業價值源泉，因此需要在酒店設立研發機構。

3. 營運管理人才

這樣的人才需要既懂非主題酒店營運管理，同時又深諳文化主題與酒店產品結合之道；在營運管理中不斷挖掘、產生文化主題與酒店管理融合的創新，從而創新產品、創新行銷、創新組織。比如成都西藏飯店的文化專員、鶴翔山莊藝術總監之類的營運管理人才。

4. 培訓師人才

在主題酒店中，主題文化的符號和元素幾乎無處不在。因此在主題酒店的整個價值鏈和營運管理中產生了比非主題酒店更多的知識、技能。主題酒店的崗前培訓和繼續教育就顯得尤為重要。全體員工特別是一線服務員工，必須對主題文化有深厚的瞭解，同時能夠在其崗位上運用自如，而這首先就需要大量的培訓人才。

設計規劃人才、產品研發人才、營運管理人才和培訓師人才共同構成了主題酒店的人才結構體系（見圖5-1）。

圖5-1　主題酒店人才結構體系

（三）員工招聘

員工招聘包括招和聘兩個方面，「招」即招募，是主題酒店為吸引更多更優秀的人員前來應聘而進行的一系列工作，如制訂和審批招募計劃、選擇招募途徑、發布招募簡章（招聘啓事）、審核應聘者資料等；「聘」即選聘，甄選出最合適的人來擔任某一

崗位或職位，主要包括通過面談交流、問卷摸底、調查檔案、情景模擬等方式瞭解應聘者的個人差異，謀求個人與職位的密切配合，達到「人適其職，職得其人」的目標。

（四）員工培訓

員工培訓是指通過一定的技能訓練、理論知識學習，提高和培養員工素質、管理水準、服務技能和服務意識，讓員工更好地適應崗位的要求，發揮員工的最佳工作能力和狀態。相對於傳統的酒店，主題酒店的文化內涵更為豐富，在選拔、培訓、再培訓的過程中，要將主題酒店的文化主線深入到每一位員工身上。而傳統的酒店只會按部就班地進行培訓，員工只能重複性地進行自己的工作。只有保持工作的新鮮感和熱誠度，才能使員工積極開心地工作。通過多樣化的培訓，主題酒店的員工不僅能夠學到一些相關知識，更能熏陶他們，使他們熱愛上自己的這份工作。

（五）績效考評

績效考評素來是主題酒店人力資源管理的一項重要內容。績效考評包括員工素質評價和業績評價兩個方面。素質評價包括員工的性格、知識、技能和適應性等方面的情況，業績評價主要是對員工工作態度和工作完成情況的評定，也就是我們常說的對員工的「德、能、勤、績」進行評價。

（六）薪酬設計

薪酬泛指員工因工作關係而從企業獲得的各種財務報酬，包括薪金（工資）、福利和各種獎勵。薪酬設計則是指設計和制定企業薪酬制度。薪酬制度即有關薪酬的準則、對象、性質、規模等方面的政策和制度。主題酒店員工大體有兩類：一類是從事傳統接待工作的員工，如預訂、收銀、行李服務、接待、餐飲服務、客房服務等；另一類是應該稱之為「文化技師」的員工，如文化講師（負責店內文化培訓和為顧客開辦文化專題講座）、文化講解員（館導）、養生理療師、按摩技師等，主要是根據酒店的主題文化設立。不同崗位的員工須具備的文化知識和技能是不同的，其薪酬設計也不同。

（七）激勵管理

激勵管理是指從員工需求、動機和心理因素出發，有針對性地採取各種激勵手段，激發員工的工作熱情和主動性、積極性及創造精神，使員工產生內在的工作動力，並朝著一定目標行動。例如拉斯維加斯的一家主題酒店就使用特製的硬幣，讓顧客用硬幣來評價他們認為的最佳員工，酒店通過硬幣來客觀評價員工，並獎勵最優秀員工，員工因此也提高了其工作積極性。

（八）勞動關係

勞動關係主要指企業所有者、經營者、員工及工會組織之間在企業經營活動中形成的權、責、利的關係。勞動關係是人力資源管理的重要內容之一，從人力資源管理的具體工作來看，涉及勞動關係的主要工作是勞動合同及其管理、勞動安全和保險管理、工會組織和民主管理（黨組織建設）、勞動爭議處理等。

四、主題酒店人力資源管理的文化特性

主題酒店的主題文化從酒店的主題構想與定位、裝潢設計、產品研發到營運管理的各個方面都有著不同程度的體現。這就需要有通曉酒店主題文化的獨特的人力資源。而且，在一定意義上，主題酒店人力資源是主題文化的載體，是傳播者，是主題文化的象徵。因此，主題酒店人力資源管理最大的特點也在於文化特性。主題酒店的人力資源管理除了做好人力資源規劃、崗位分析和設置、員工招聘、員工培訓、績效考評、薪酬設計、激勵管理、勞動關係等常規性工作外，還要配合主題酒店「挖掘文化—傳遞文化—經營文化」的發展軌跡，將人力資源管理職能和要求充分體現在主題酒店的各個方面。

一是要把酒店的主題文化與酒店的企業文化相結合，找準兩者的結合點，並在人力資源管理工作中注入主題文化和企業文化要素，從而使酒店形成獨特的企業精神、經營理念、價值觀、道德觀和精神風貌。

二是要制定具有主題文化特色的人力資源管理職責，主要包括人力資源規劃、崗位分析和設置、員工招聘、員工培訓等工作。如鶴翔山莊在人力資源規劃時，就根據酒店的「道家文化」特色，設立了「文化專員」職位（職務），通過聘請民間道學專家作為顧問，對酒店的主題文化進行宣傳、培訓和推廣。同時，還對酒店員工進行系統的主題文化學習和培訓，甚至培養與主題文化相關的技能高手，如根雕藝術師、茶博士、太極拳師、道家養生宴廚師等，從而為主題酒店的文化傳遞和經營提供科學、持續的人力資源保障和管理。

第二節　主題酒店員工的素質

一、主題酒店員工素質的內涵

酒店員工的職業素質是提高酒店服務水準及市場競爭力的關鍵因素，同時職業素質也是影響員工順利從業和繼續發展的關鍵因素，員工的職業素質問題已成為制約和影響酒店人力資源管理的關鍵因素之一。隨著經濟的發展，中國酒店業進入了快速發展時期，主題酒店作為酒店業競爭的直接產物，已成為酒店行業發展的重要方向，必然會對員工的素質提出更高的要求。

主題酒店員工的職業素質是指主題酒店的服務從業人員所應具備的綜合素質，包括酒店專業知識、專業技能，以及職業道德、職業意識、服務意識、溝通交流能力、創新能力等通過後天的教育培訓、學習、實踐形成和發展起來的非智力因素。

二、主題酒店員工應具備的素質

良好的素質是主題酒店員工從事職業活動的基礎，是事業取得成功的基石。主題酒店員工應具備的素質可以分為基礎素質、職業素質和文化素質三個方面。

（一）基礎素質

基礎素質是指從事主題酒店服務的員工良好的身體素質、專業知識和服務技能等完成酒店服務的常規性的要求和能力。

（二）職業素質

由於酒店工作環境的特殊性，除具備良好的基礎素質外，主題酒店員工還應具備良好的職業道德、服務意識、協調能力、合作能力等職業素質。其中職業道德和服務意識尤為重要。

職業道德是指酒店行業的從業人員在職業生活中應遵循的行為原則和基本規範，是職業素質的重要構成因素。它是主題酒店員工必須具備的職業素質之一，良好的職業道德，能幫助員工熱愛自己所從事的工作，端正工作態度，提高服務工作的主動性，刻苦鑽研業務，增強自己的服務技能，為賓客提供高質量的服務。

服務意識是指酒店員工表現出的熱情、周到、主動為客人提供良好服務的意識和行為，是提高酒店服務質量的關鍵。隨著體驗經濟時代的到來和酒店行業市場競爭的日益激烈，讓消費者享受更溫馨、更豐富的服務產品已成為酒店行業發展和競爭的關鍵，因此，主題酒店員工要具備良好和強烈的服務意識。

（三）文化素質

主題酒店的主題建設不是單純的概念營造，而是按照酒店服務功能，從主題環境與建築、主題前廳、主題客房、主題餐飲、主題康樂五個方面進行主題化建設。同時，消費者選擇主題酒店是為了享受具有文化特色的酒店服務。這就要求主題酒店員工應具有良好的文化素質，能夠深度地接受和認同主題文化，能夠全面和較為深入地學習主題文化，能夠在工作和服務中向消費者傳遞主題文化，並能對消費者提出的關於主題文化的疑問作出正確解釋或交流。

三、培養良好素質的途徑

（一）樹立正確的職業理念

員工缺乏良好的職業理念，對從事主題酒店服務工作的心理準備不足，缺乏吃苦耐勞精神，工作態度波動較大，會直接影響主題酒店的服務質量。主題酒店要引導員工正確認識酒店業的特點和發展前景，規劃自己的職業生涯，幫助員工樹立「從基層

做起、從小事做起、從細節做起」的理念，引導員工樹立職業自豪感，幫助員工熟練掌握酒店服務的技能，樹立正確的擇業觀，端正職業價值觀念，增強職業意識，從而以正確的職業態度投入到工作中，從基層服務做起，踏踏實實為賓客提供優質服務。

(二) 有針對性地做好培訓工作

目前，主題酒店員工大部分來自各類職業技術學院或大中專院校，也有部分是傳統酒店的從業人員，他們的特點要求主題酒店必須有針對性地做好培訓工作，進一步提高他們的職業素質和主題文化涵養，以適應工作的要求與挑戰。通過上崗培訓、在職培訓和循環培訓等多種形式，在服務意識、職業態度、職業道德、職業情感等方面有針對性地進行培訓，引導員工加強職業責任心和道德義務感，加強自我約束和服務意識，努力改善服務態度，不斷提高服務質量。

(三) 激勵和鼓勵性評價

現代心理學認為，追求成功的情緒體驗是人的精神需要，成功的體驗、期待的實現是建立積極情感的重要方面。因此，當員工獲得進步時，管理人員及時進行激勵和鼓勵性評價，使員工體驗到成功的喜悅，認識到自己的能力和價值，進而轉化為獲得新的成功的動力；當員工遭遇挫折時，更要及時進行鼓勵性評價，引導員工正確歸因，保護他們的自尊心、自信心，培養他們克服困難的勇氣，進一步激勵員工爭取獲得成功的信心和意志。

第三節　主題酒店員工的培訓管理

一、主題酒店培訓的意義

主題酒店培訓是全民教育和職工教育的重要組成部分，不僅有利於主題酒店的長遠、全面發展，對員工本身發展也具有十分重要的意義。

主題酒店所處的環境具有複雜多變的特徵，顧客的需求也在日益多元化，市場的競爭在不斷升級，而競爭的核心是人力資源的競爭，提高主題酒店人力資源競爭實力的重要途徑就是加強管理人員、基層員工培訓。因此，做好主題酒店培訓有利於提高員工素質，降低損耗，減少事故，使主題酒店適應市場變化，提高競爭力。同時，通過主題酒店培訓還能夠提高員工技能，為其晉升創造條件，提高員工自信心，增加職業安全感。

相對於傳統的酒店，主題酒店的文化內涵更為豐富，在選拔、培訓、再培訓的過程中，要將主題酒店的文化主線深入到每一位員工身上。而傳統的酒店只會按部就班進行培訓，員工只能重複性地進行自己的工作。只有保持工作的新鮮感和熱誠度，才

能使員工積極開心地工作。通過再培訓，主題酒店的員工不僅能夠學到一些相關知識，更能熏陶他們，使他們熱愛上自己的這份工作。

二、主題酒店員工培訓的特點

主題酒店員工培訓既不同於一般意義上的學校普通教育，又有別於其他行業的培訓，加之主題酒店工作的自身特點。這就決定了主題酒店員工培訓有著自身的特點。

（一）全員性

全員性指培訓對象的全員參與。目前國內大多酒店的培訓還停留在對基層服務人員的簡單技能培訓，缺乏全員參與意識，這樣的培訓雖然部分地提高了員工的技能，但對酒店的整體素質水準提升效果不明顯。主題酒店作為以主題文化為特徵的旅遊產品，其文化氛圍的營造、主題文化的展示都是以一個整體出現的，因此，主題酒店在開展培訓時注重全員參與，培訓的對象上至酒店管理部門負責人下至普通員工，全員參與，這樣才能有效地推動主題酒店的發展。

（二）針對性

由於酒店業操作性的特點，酒店的培訓具有很強的技能性和目的性，主題酒店也不例外，因此，在培訓時要立足崗位，充分瞭解員工的工作內容、工作環境和工作技能，有的放矢，確定培訓內容。同時要加強培訓內容的專業化、技能化和可操作性，使培訓更有針對性。

（三）多樣性

主題酒店培訓多樣性主要指三個方面：一是培訓層次的多樣。包括針對主題酒店所有者、總經理、部門負責人（部門經理、主管）、一線服務員工等不同層次的培訓。二是培訓內容的多樣。不僅包括標準化的酒店服務技能培訓，還包括行銷培訓、管理培訓、服務培訓、文化培訓等組織內部的各個環節的培訓，只要需要都可進行。三是培訓方式的多樣。包括企業內部組織的培訓、社會組織的業餘培訓、大學為企業開辦的各類培訓班等。

（四）文化性

主題酒店的最大特點就是主題文化，主題酒店的員工，特別是一線的服務人員，是主題酒店的直接服務和產品的提供者和創造者，主題酒店的員工能否全面瞭解和深入認識主題文化，並在服務中展示和傳遞出主題文化，這是影響主題酒店經營是否成功的關鍵因素之一。因此，主題酒店的培訓要求具有鮮明的文化性：一是要在培訓內容上充分體現出主題文化，對主題文化集中學習，對酒店內展示主題文化的建築元素、符號進行講解和識別；二是要培養員工的文化素質和藝術才藝，鼓勵和支持員工學習有利於主題文化展示的才藝和技能。

三、主題酒店文化培訓

(一) 主題酒店企業文化培訓

企業文化是一個企業內共同的價值觀念、精神追求和行為準則，它表現為規章制度、員工共同信念，反應了企業和員工的共同願景。企業文化是企業的靈魂，良好的企業文化是企業生存和發展的原動力，是區別於競爭對手的根本標誌。主題酒店企業文化的建設是一個長期過程，也是一個不斷沉澱與累積的過程。

主題酒店企業文化培訓有兩種方式：一是通過專題講座，全面講解企業文化，並通過考核的方式，強化員工記憶、接受企業文化；二是「柔性培訓」，通過辦酒店店刊、舉行娛樂比賽、組織員工出遊等活動，將企業文化融入各項活動當中，讓員工從內心認同和接受（見圖5-2）。

圖 5-2　多樣化培訓

(二) 主題酒店主題文化培訓

1. 培訓內容

主題文化是主題酒店的核心競爭力和吸引力，主題文化培訓主要包括兩大方面：一是主題文化解讀，即主題文化挖掘的背景、主要內容、表現方式、歷史演變過程、文化價值等；二是主題文化應用，結合主題酒店的主題環境與建築、主題前廳、主題客房、主題餐飲、主題康樂等建設，把握主題文化在酒店中的具體應用和主要表現形式。

2. 培訓目的和層次

主題文化培訓的目的是讓主題文化深入主題酒店每一位員工心中，並在員工的服務和言談舉止中自然流露出主題文化的內涵和要義，給消費者以主題文化體驗。要達到這樣的目的，一般需要三個層次推進，循序漸進，這就是主題文化培訓的層次。

主題文化培訓的層次是和主題酒店主題化建設層次相吻合的，主要包括三個層次：首先是讓員工接受和認同主題文化，從觀念上接受主題文化，認識到主題文化應有的社會、歷史價值；其次是學習主題文化，全面學習和瞭解主題文化的背景、主要內容、表現方式、歷史演變過程等，以及在主題酒店的表現形式；最後是傳遞主題文化，即員工在工作和服務中向消費者傳遞主題文化，並對消費者提出的關於主題文化的疑問做出正確解釋或交流。

四、主題酒店培訓效果的保障

流動性大是酒店行業人力資源面臨的「老大難」，主題酒店在人力資源培訓的成本上要比普通酒店高出很多，所以怎樣留住人才保障主題酒店培訓的效果是主題酒店必須考慮的內容。結合主題酒店的特殊性，可以從以下三個方面進行思考。

(一) 簡化組織機構

改變傳統酒店陳舊的等級森嚴的組織體系，對員工授權賦能，給予員工充分的信任，發揮其主人翁的精神，這樣既能防止員工流失，也避免因員工流失所帶來的一系列財產流失，如培訓資金的流失、客戶流失等，還有利於激發員工的個人能力和群體智慧，有利於主題酒店的創新性發展。

(二) 組織管理柔性化

充分挖掘員工的特長，提供專家型管理。在針對某一特定項目開發相應的服務產品或技術時，不安排某一具體部門，而是選擇有相關專長的人，特別是具有與主題文化相關的技能，組建臨時團隊，給予專家員工更多的好處，充分發揮員工的創造性，為其提供實現個人價值的空間。

（三）員工職業生涯設計

導致中國酒店業員工流動性大的主要原因是用人制度上的欠缺，一線員工收入水準普遍不高，發展空間狹窄，員工缺少歸屬感，這對主題酒店人力資源的管理是一大挑戰，主題文化需要員工的一種傳承，因此主題酒店更應該把留住人才、吸引人才放在戰略性的位置，對基層管理者和員工給予各種發展機會，對員工進行職業生涯設計，使員工對未來充滿希望，將他們推上職業生涯發展的新平臺。

主題酒店應該對每一位員工設計其職業發展規劃，尤其是對大學生等高素質人才的職業發展要有一套明確的規劃方案，使他們能夠看到未來發展的方向和目標。在招聘時，應該選擇有潛質並熱愛主題酒店工作的大學生，按照其性格特點和興趣愛好，分配到相應部門。給予其一段時間的基層工作鍛煉，如果達到了特定的指標並通過評審，可以提升到一定的職位，這樣，通過不斷的磨煉和培養，為主題酒店培養優秀的管理人才。同時，外方管理公司還可以提供一定的海外培訓經歷，這樣的職業生涯發展規劃一定會受到歡迎，員工也能夠在主題酒店的工作中看到自己的職業前景。

五、建立主題酒店人才教育體系

雖然主題酒店一部分人才也可以通過人才市場獲得，但由於主題酒店的文化內涵和營運的獨特性和多樣性，更多的各級各類人才必須依賴於自身的培養。主題酒店的人才教育應該是多層次的。一是可以考慮設立中國主題酒店學院，設置規劃設計、營運管理、產品研發、人力資源等專業，專門為主題酒店產業鏈上的各個企業培養人才，同時為酒店從業人員提供繼續教育。二是建立專業人才認證制度。目前，中國主題酒店處於萌芽期，規模小，實力弱，或許有人覺得建立專業人才認證制度為時尚早，但其他行業發展的實踐證明，人才認證是建立一個行業人力資源體系的有效手段。三是在各個現有的旅遊教育機構中設置主題酒店管理專業。四是建立主題酒店培訓網。當主題酒店發展到幾百、幾千家的時候，對相關專業人才會產生巨大的需求，一兩所專業院校對於市場需要可謂杯水車薪。因此，建立一個功能強大的主題酒店培訓網絡，實施遠程教育培訓，同時與前述人才認證制度相結合，將既能夠滿足市場需要，又較好地利用社會資源，從而不斷提高行業從業人員的素質。五是運用校企聯合方式，設立主題酒店研修基地、研究所或研修院，使現有人才得到進一步的學習和提高。

第四節　主題酒店員工的激勵

激勵原理是現代管理學的核心，激勵原理在酒店業已經得到了廣泛的應用。做好

主題酒店員工的激勵，是主題酒店人力資源管理的重要工作之一，也是培養具有良好素質的主題酒店員工的重要途徑。

一、主題酒店員工激勵的意義

服務質量是酒店的生命。顧客在酒店的消費是一種精神體驗，服務質量不僅取決於酒店硬件設施，更取決於員工表現。服務人員服務態度和綜合素養對服務質量的高低、顧客滿意與否甚至顧客會否有後續購買行為都會產生直接影響。哈佛大學心理學家威廉·詹姆斯調查發現，在按時計酬下，員工一般只發揮了20%～30%的能力，而在充分激勵後，員工的潛力能夠發揮到80%～90%。他認為，員工平常表現的工作能力與經過激發可能達到的工作能力和水準之間存在著大約60%左右的差距。可見，激勵具有震撼的力量。採取科學合理、積極有效的激勵措施，最大限度地激勵員工，有助於吸引和留住人才，有助於提高工作績效，提高主題酒店競爭力，有助於酒店凝聚力量在激烈的市場競爭中取得成功。

二、主題酒店員工激勵的方法

根據以人為本、因人而異、「三公」（公平、公正、公開）和及時適度激勵原則，主題酒店員工激勵可以分為物質激勵和精神激勵兩大類。物質激勵和精神激勵相輔相成，缺一不可。沒有物質激勵，精神激勵就變得空洞無力；沒有精神激勵，員工則發揮不了潛能。

（一）物質激勵

物質激勵是最基本的、首要的激勵措施，尤其在酒店業，物質激勵所起的作用不可替代。但物質激勵不能實行「大鍋飯」式的平均主義分配制度，應與員工責任、績效和貢獻相掛勾。如調整薪酬方案，將獎金分為月度獎金、季度獎金和年終獎金等，充分發揮獎金的激勵作用。再如設置減少消耗獎勵計劃，鼓勵員工共同節約，並把節約成果與員工分享，為主題酒店節約就是為自己增加收入，員工將會自覺地減少浪費。

（二）精神激勵

精神激勵即內在激勵，是指精神方面的無形激勵，包括邀請員工參與管理，向員工授權，對他們的工作績效的認可，公平、公開的晉升制度，提供學習等進一步提升自己的機會，實行靈活多樣的彈性工作時間制度以及制定適合每個人特點的職業生涯發展道路，等等。精神激勵是一項深入細緻、複雜多變、應用廣泛、影響深遠的工作，它是管理者用思想教育的手段倡導企業精神，是調動員工積極性、主動性和創造性的有效方式。

具體而言，精神激勵包括情感激勵和制度激勵。情感是人的本能需求，人不能脫離情感而生活。主題酒店管理要體現出人情味，從情感上關心、尊重和讚賞員工，調動員工的情感因素，從而激勵員工。制度激勵，主要是利用和完善競爭、用人機制、考核、晉升制度等企業制度增強企業凝聚力，提高員工歸屬感和忠誠度，激發其工作熱情。

主題酒店要給予員工以「家」的感覺，對員工進行「精神按摩」。主題酒店想要吸引和留住優秀的員工，提高員工的滿意感和忠誠感. 就必須將「員工第一」的理念深入貫徹到人力資源管理中，「只有滿意的員工，才會有滿意的顧客」。在酒店服務工作中員工與顧客直接接觸，員工的工作態度、情緒會直接影響服務質量的高低。酒店要想為顧客提供可靠、優質的服務，就必須充分考慮員工的需要，關注和解決員工的心理壓力問題。

三、主題酒店員工激勵的保障

員工激勵是企業一個永恆的主題。在一個組織中，員工的積極性發揮得如何，在一定的程度上決定著一個組織活力的大小和工作效率的高低。因此，主題酒店應重視激勵保障機制的運用，為充分調動員工的積極性和創造性提供保障。

（一）制度保障

建立有效的激勵保障體系。首先，要規範主題酒店管理制度，建立有效的內部保障體系。進一步規範主題酒店的各項規章制度，為管理體系和激勵機制運作提供良好的基礎和保障。主題酒店管理制度的規範實質上是通過規章制度構建有形的激勵保障體系。

（二）文化保障

制度保障屬於有形保障，文化保障則屬於無形保障，這就需要促進主題酒店形成與激勵原則相適應的企業文化和價值觀，充分尊重和認識到激勵具有的震撼力量，採取科學合理、積極有效的激勵措施，將有助於提高工作績效，提高主題酒店競爭力，從而使主題酒店在市場競爭中取得成功。

主題酒店的異軍突起使得酒店業的發展也進入了一個嶄新的時期。在主題酒店的發展中，使用創新的主題酒店人力資源管理可以使主題酒店充滿活力和生機，有利於延長主題酒店的生命週期。同時，創新的主題酒店人力資源管理也會增強主題酒店企業員工和投資者的自豪感和滿意度，進而降低員工的流失率，使主題文化能夠順利地傳承延續。

案例1　香格里拉酒店——「員工是酒店最重要的資產」

從1971年新加坡第一家香格里拉酒店開張開始，香格里拉酒店不斷向國際邁進。以香港為大本營，今天的香格里拉已成為亞洲地區最大的豪華酒店集團。

在香格里拉酒店，人力資源管理的態度是：大家都是領導者。即使不領導別人，也在領導自己。員工是酒店最重要的資產，是酒店的內部客人，只有快樂服務的員工才能使客人滿意。香格里拉酒店的這種理念和態度吸引了更多的有才之士參與到香格里拉酒店的管理中，為香格里拉酒店創造財富。

1. 獲取（選人）

層層篩選：在香格里拉酒店，員工被分為5個級別，1~3級都是中高層的管理人員，他們的面試分為三輪，浦東香格里拉酒店區域人力資源總監劉楚章透露：「面試的時候，會給他們一些案例進行分析，主要是觀察他們的反應能力。然後會通過電話求證其跳槽原因以及前老板對他們的評價。香格里拉不希望擁有一個頻繁跳槽和不忠誠的員工。」4~5級為基層員工，他們中除了廚房和客房人員外，其他各部門的員工必須熟練掌握英語。這些人員主要來自應屆畢業生，由於考慮到招聘數量大，上海地區可能無法滿足，他們每年會去大連、沈陽、青島等地招聘所需要的員工。一般是3月份，人力資源部會派同事去當地的大學或高職學校招聘學生，或是借用當地香格里拉酒店的場地舉行一場招聘會，以此吸引更多的求職者來應聘。

長期考核：專門的指導老師對實習生進行帶教和考核。每月或者每兩個月，老師會將所有學員的表現向人力資源部做匯報。基本上80%的學員能夠期滿轉正，然後正式進入酒店工作。公司新進的每個員工，都會經過總經理的親自審查，主要是通過交談觀察他們是否熱情。

這樣長期考核、層層篩選的選人優勢在於不僅考察了員工的忠誠度和熱情度，同時全方位地對員工進行評分，為公司高層管理層選拔了一批優秀又忠誠的員工。

2. 激勵（用人）

人盡其才：讓員工看到自己在集團內的職業發展前景，若有職位出現空缺，酒店會優先考慮內部員工，從內部調整或晉升。這樣使員工的工作充滿極大的動力，對員工有極大的激勵作用。

才適其位：香格里拉酒店在國內90%的管理層都是通過酒店內部晉升或調動的，本著公平公開的原則，進行合理的人員調配，使得員工能力得以充分發揮。

合理的人員配置，達到「人盡其才，才適其位」的用人宗旨，讓員工發揮出自己最大的潛能，為企業創造出更大的財富。

3. 開發（育人）

香格里拉酒店十分重視企業文化的培訓，基層培訓採用「老帶新」的方式，中高

層培訓採用「導師制」的方式。

基層：「老帶新」——香格里拉集團每位即將上崗的新員工，都會得到所在部門為其指派的一名老員工的幫助，並結成工作夥伴關係。

中高層：「導師制」——如果新入職的是一個主管級別的員工，部門也會為這位員工安排一名同部門同職級但入職比較久的「夥伴」。

「老帶新」「導師制」這兩種培養模式共存且互為補充，有針對性地對各層員工進行培訓，為香格里拉酒店培養了大量的高素質人才。

同時，每個酒店都會給員工進行英語培訓，而這種培訓會根據公司上下不同級別、不同部門的員工專門制定出系統的培訓進程。香格里拉酒店還給每個員工網上學習的機會。「只要你想學，酒店都會根據集團的指示，給予你充分的學習機會。酒店的網絡課程與美國康奈爾大學掛勾，到學員畢業時會頒發證書。」另外，在北京的香格里拉集團還設有一個香格里拉學院，學院提供一些證書類學習課程，如英語、前臺、餐飲服務、廚房、客房服務等，也有高級人員的培訓證書。這些證書將在所有香格里拉酒店內通用。酒店還設想在將來，所有新員工能進入這所學院進行短期培訓，然後再將他們分配到不同的區域飯店工作。

4. 保持（留人）

香格里拉酒店將員工視為酒店的第一資產，酒店分三方面來給予員工歸屬感：尊重員工、有競爭力的福利以及全方位的培訓。

尊重員工：定期的員工溝通必不可少，酒店必須具備人性化的人力資源管理。「每月一次的員工大會，每個基層部門的代表都會在會前統計好本部門員工的意見和建議，有時甚至是一些很瑣碎的事情：如某些員工對福利不滿意、更衣室的掛勾不夠用等。管理層也會通過這些會議讓基層員工知道公司的決策，下一步該做些什麼。」

有競爭力的福利：香格里拉酒店的薪水和福利在行業中比較具有競爭力和吸引力，能排在國內同行業的前25位。此外，公司也給員工額外的福利補貼：如每天有定時的班車接送，加班若趕不及班車還會給予員工一定的車費補貼，並且會給外地來滬的員工提供住宿等。

基於優良化的選人、育人、用人和留人體系，香格里拉集團建立員工發展機制並開展各種活動，將酒店的事業與人力資源管理、發展更緊密地聯繫在一起。

（文章來源：我愛酒店網）

案例2　洲際酒店人才戰略——授人以魚不如授人以漁

作為第一家進入中國市場的國際酒店集團，三十年來洲際酒店集團在中國市場取得了驕人的成績——不僅建立了深受客人喜愛的酒店品牌，招賢納士、培養並保留了人才，為業主和股東提供最佳投資回報，同時也承擔起企業的社會責任。作為住宿業

的一員，洲際酒店集團在快速發展的同時，同樣也面臨著酒店業人才短缺等問題，不同的是，這個曾獲得「最適宜工作的25大公司」「英國最受歡迎公司」「亞洲最佳雇主品牌」等榮譽的企業有自己的解決之道。

一方面，洲際酒店集團在其官網上開闢了自己的全球招聘主頁；另一方面，洲際酒店集團已從坐等「招人」進一步到了協助「育人」，從人才的「接收方」「購買者」，邁向人才的「生產者」——主動參與人才生產過程；更從培育優秀人才到打造「未來英才」。這些行動，對集團自身的人力資源發展，甚至對整個行業的人員素質提升，都有明顯的作用。其中，其合作育人的模式值得旅遊院校研究和借鑑，從某種意義上說，還起到推動、促進國內旅遊院校進一步改革發展的效果。而打造「未來英才」的管理培訓生制度，既能給優秀的酒店專業學生前景和希望，對我們的育人理念、培養模式都有積極的啟示。

（一）洲際酒店集團英才培養學院——邁向專業人才的「生產者」

洲際酒店集團長期致力於對中國本土人力資源的培養，為了滿足中國日益發展的酒店業對人力資源的大量需求，集團成立了業內領先的校企合作辦學模式——與優秀的專業院校共同成立「洲際酒店集團英才培養學院」，學院的使命是：培養可持續發展的酒店人才，不僅是為了洲際酒店集團，還為了整個行業。學院可為每所學校提供不同等級的學歷及學位課程，學生除了接受各院校專業教師講授理論課程外，集團的高級管理人員還定期為學生傳授行業實踐經驗，此外，所有學生均將獲得洲際酒店集團旗下酒店實習的機會。這樣一來，既能更好地滿足華東地區對酒店業專門人才的需求，又能為更多旅遊及酒店專業學生提供在洲際酒店集團旗下酒店以及整個行業的就業機會。洲際英才培養學院的育才模式見圖5-3所示。

（二）管理培訓生計劃——打造最有實力的「未來領導者」

管理培訓生是一些大企業自主培養企業中高層管理人員的人才儲備計劃，通常是在公司各個不同部門實習，瞭解整個公司運作流程後，再根據其個人專長做相關安排，最後可以勝任部門、分公司負責人等職位。而業內都知道，傳統的接待業（包括高星級酒店）在快速發展中不僅面臨「用工荒」的困擾，難吸引優秀人才、人才流失率高等也是其人才資源建設中需要攻克的一些難點，可以說，管理培訓生制度引入酒店業，吸引並能讓優秀的管理人才快速成長，對改變這種局面生產了積極的效果，在這方面，洲際酒店集團應該說是做得最為成熟和成功的。

例如，在中國，洲際酒店集團管理培訓生項目經過12~18個月時間，讓管理培訓生學會運行一個大型酒店的內外事務，培養成為未來酒店管理者的素質，成為「最有實力的未來領導者」，在整個過程中，洲際對人才選拔標準、招聘與選拔程序、培養方案、培訓與發展、薪酬和福利等各環節都有明確的規定。

第五章 主題酒店人力資源管理

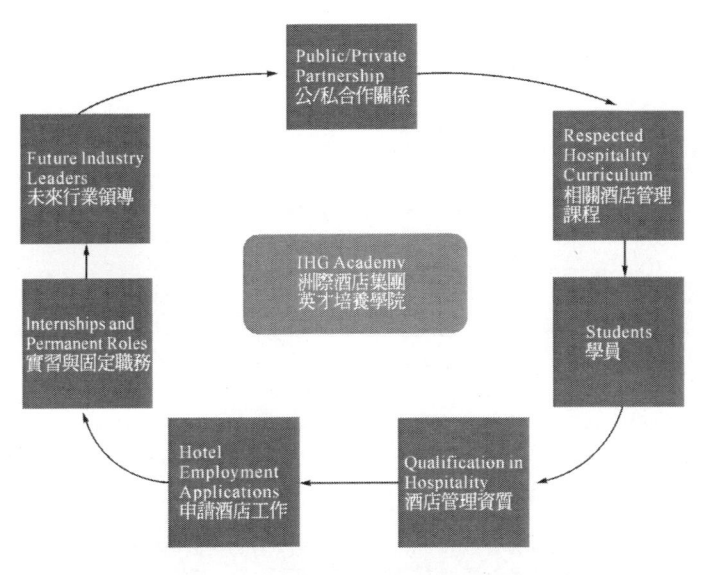

圖 5-3　洲際英才培養學院的育才模式

1. 人才選拔標準

洲際酒店集團人才選拔的要求是近期獲得學士學位的畢業生，是中國公民或永久中國居民，有較高英文水準，有出色的人際溝通技巧和優秀的領導力素質，對酒店充滿熱情，且至少需6個月的酒店業工作或實習經驗。

2. 招聘與選拔程序

集團為尋找「最有實力的未來領導者」，應聘者需經過以下步驟嚴格篩選：在網上進行在線申請—在線預篩選—電話面試—初步面試—評估中心—在線能力測試—最終環節面試。

3. 培養方案

表 5-1　　　　　　　　　　管理培訓生培養方案

階段	目的	時間	具體安排
一階段	定向導入	4~6個月	管理培訓生將學習酒店內每一個功能如何有助於業務的全面成功，要經歷酒店客房部、食品和飲料部、銷售及市場推廣及其他業務支持等各部門
二階段	選擇部門（路徑）	4~6個月	在已經嘗試過所有不同部門後，管理培訓生可以選擇一個希望從事專業的部門。其間，公司還會提供一個高水準的課程，便於他們更深入地研究所選擇的部門工作

表5-1(續)

階段	目的	時間	具體安排
三階段	為未來做準備	4~6個月	在最後階段，管理培訓生得到一個作為領導者在其專業領域開展工作的機會，他將會體驗到完成「未來領袖計劃」之後的工作生活。在這段時間內，管理培訓生還可以提交一項由其推動且屬於自己的計劃

4. 培訓與發展

洲際酒店集團承諾為「未來之星」提供世界一流的培訓和發展機會，包括基於經驗的學習、以教學為基礎的學習、以關係為基礎的學習等三大部分。

表5-2　　　　　　　　　　「未來之星」學習計劃

方式	內容
基於經驗的學習	酒店和公司的登記程序；部門職能輪換計劃；在職培訓技術和專業系統培訓項目的設計和實施；在最後階段的代理位置
以教學為基礎的學習	品牌服務行為和加速領導力發展計劃，如工作坊、電子學習課程，如Elemento和E Cornell計劃。
以關係為基礎的學習	由酒店總經理作為其教練，定期與區域人力資源經理進行探討。

5. 薪酬和福利

至於薪酬和福利，也有明確的規定，如在一開始的時候，將獲得與在當地酒店的市場主管大致相同的工資和福利待遇等。

洲際酒店集團大中華區首席執行官柏思遠認為：「在未來的市場競爭中可以脫穎而出成功的企業，一定是對人力資源有良好的架構和設計，及擁有長遠的培訓計劃和可持續發展計劃的企業，才有可能在競爭中取得優勢。」在人力資源市場當中，正如中國一句古語——「授人以魚，不如授人以漁」。一個企業要成功，就要學會「養魚」，要培養人才。不僅在企業內部，同時在市場上培養人才，才能實現可持續發展的長遠的成功。

(文章來源：百度文庫《洲際集團人才開發案例》，中國人力資源開發網)

案例3　員工是文化的寶貴財富——京川賓館人力資源管理措施

主題酒店需要全體員工最廣泛地消化、接收、傳播主題文化。因為員工是與客人直接接觸，是吸引顧客最緊密、最重要的人。也是顧客獲得文化體驗的最直接的活的載體。只有員工具備了主題文化的內涵，才能把這種文化傳遞給每位顧客，讓顧客感受得到，讓顧客真正滿意。為此京川賓館採取了這樣一些辦法：

(1) 在賓館內成立文化部，設立文化研究中心，並且賓館各部門也設立文化專員，

負責本部門文化的挖掘、宣傳與產品開發。

（2）各部門全年任務指標以10%作為文化考核項目。如培養三國文化的特殊人才、三國知識考試等。

（3）舉辦主題文化知識技能和才藝大賽。通過經常性的技能和才藝大賽，發掘和培養有特長的員工，加以合理使用，並在薪酬上體現出來。

（4）建立創意獎勵金。鼓勵全體員工參與賓館的文化產品和活動創意，並給以適當獎勵。

（5）邀請專家講課。邀請研究三國文化的專家和有關酒店管理的專家講課，及時為員工充電。

（6）外出參觀學習。組織員工到附近的武侯祠、浣花溪、杜甫草堂等參觀學習，選派員工參加三國旅遊線路，加深員工對三國文化的瞭解和認識。

（7）創建新的崗位和項目，形成整體活動。為了推動主題文化的傳播，加強與客人的互動，賓館設立了文化專員、館導等新的崗位，從而增強了賓客對賓館三國主題文化的體驗感。

（8）新員工的入職培訓中除了一般的酒店知識培訓外，還增加了三國文化的培訓項目。

京川賓館通過以上措施，大大提高了員工的綜合素質和服務水準，同時，也形成了一支具有相關歷史文化知識的相對穩定的員工隊伍。文化主題通過員工形象得以展示和表達，員工成為賓館主題文化的傳播使者，是主題酒店文化氛圍的要素之一。

第六章
主題酒店管理戰略

在21世紀，企業管理已全面進入以戰略為中心的時代。主題酒店的經營戰略涉及酒店各個方面，關係著酒店全局及長遠發展，是關係酒店經營成敗的最重要的因素。本章主要涉及體驗經濟下的主題酒店發展、基於差異化的主題酒店核心競爭力構建、顧客忠誠與主題酒店戰略管理等內容。

第一節　體驗經濟與主題酒店

一、體驗經濟時代翩然來臨

體驗經濟的概念是由《第三次浪潮》的作者美國未來學家托夫勒於 1970 年倡導的，距今已有 48 年的歷史。體驗本身代表一種已經存在但先前並沒有被清楚表述的經濟產出類型。體驗經濟時代把體驗視為一種獨特的經濟提供物，提供了開啓未來經濟增長的鑰匙，即企業所面臨的戰略選擇的新的競爭前景。托夫勒在《第三次浪潮》一書中把社會經濟的發展分成農業經濟、工業經濟、信息經濟和生物經濟四個階段，又在《未來的衝擊》一書中將產業經濟發展劃分為製造業經濟、服務業經濟和體驗業經濟三個階段，並把體驗業作為服務業的未來發展方向。主題酒店的出現正是順應了這一趨勢。

隨著現代社會的發展，當知識經濟、數字經濟、IT 經濟等令人眼花繚亂的名詞尚在熱烈討論中時，西方兩位著名學者，約瑟夫·派恩（B. Joseph Pine）和詹姆斯·吉爾姆（James H. Gilmore）早在 1998 年在美國《哈佛商業評論》上發表的《歡迎進入體驗經濟》一文指出，體驗經濟時代已來臨，並在 1999 年 4 月，二人合著出版《體驗經濟》一書，提出「工作是劇場、生意是舞臺」，書中把體驗定義為「每個人以個性化的方式參與其中的事件」。體驗經濟也被稱為繼農業經濟、工業經濟和服務經濟階段之後的第四個人類的經濟生活發展階段，體驗經濟或稱為服務經濟的延伸。

傳統經濟主要注重產品功能強大及價格優勢。體驗經濟則是從生活情境出發，塑造感官體驗及思維認同，改變消費行為，並為商品找到新的價值及生存空間。因此，體驗經濟是服務經濟的進一步深化的結果，它關注的不再是產品或傳統意義上的服務，而是顧客消費或使用的全過程。體驗經濟時代，旅遊消費趨勢主要表現在以下幾個方面：

（1）情感需求占據主要地位，旅遊者更加注重情感的愉悅和滿足。

（2）旅遊活動的參與性與互動性增強，參與性、互動性強的活動成為旅遊者最喜愛的旅遊產品形式。

（3）旅遊的目的是獲得非比尋常的體驗。消費者從注重產品本身轉向注重使用產品時的感受，也就是說，消費者更加注重消費的過程。

因此，在體驗經濟時代，主題酒店必將大行其道。

二、體驗經濟在主題酒店中的解讀

所謂體驗經濟，是指有意識地以產品為載體，以服務為手段，使顧客融入其中的

活動。體驗是主題酒店以服務為舞臺，以產品為道具，以顧客為中心，創造使顧客參與、值得顧客回憶的活動。在體驗經濟中，主題酒店提供的不再僅僅是產品或服務，它提供最終體驗，並充滿了感情的力量，給顧客留下難以忘卻的愉悅記憶；顧客消費的也不再是實實在在的產品，而是一種感覺，一種情緒上、體力上、智力上甚至精神上的體驗。

在體驗經濟時代，主題酒店不再滿足於提供產品，而是努力成為「舞臺的提供者」。在它們精心搭建的、炫麗的大舞臺上，顧客進行著有聲有色、值得回憶的表演。在體驗經濟中，人們不再是簡單的付出知識與體力，勞動將成為顧客自我表現以及創造體驗的機會。這對管理提出了新命題。因為，體驗經濟的原動力，是主題酒店有「創造」市場的企圖，而這個「創造」市場的企圖，則是主題酒店行銷的最高境界。

體驗是一種參與經歷，能為參與者提供身心享受，留下難以忘懷的回憶。它包括娛樂（Entertainment）、教育（Education）、逃避（Escape）和審美（Estheticism）四個領域（見圖 6-1）。讓人感覺最豐富的體驗必須同時涵蓋這四個方面，即處於四者交叉點的甜蜜地帶（Sweet Spot）。顧客來到主題酒店，以身體和精神的方式參與各項主題娛樂活動，自然產生了娛樂體驗。無論是主觀的教育體驗者（以教育作為主要目的）還是客觀的教育體驗者（無意識地學習知識），在主題酒店受到歷史文化與民族文化信息的衝擊，都會在潛意識中給他們帶來新知識與新思想，產生教育的體驗。來到主題酒店，顧客脫離了原有的生活，感受了跨越時空的不同文化氛圍，就會產生逃避的體驗。主題酒店是具有較高的審美價值的建築群和旅遊景點，通過參觀，顧客欣賞到了美妙的景物，便會產生審美的體驗。因此主題酒店給顧客帶來的體驗就涵蓋了娛樂、教育、逃避和審美四個方面，恰處在「甜蜜地帶」，是體驗經濟發展的大舞臺。

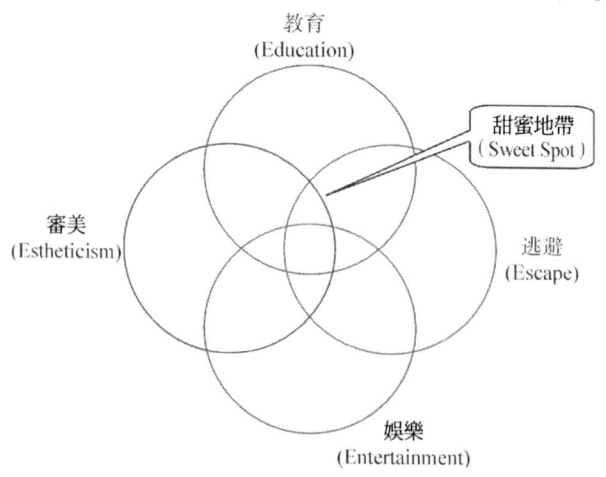

圖 6-1　體驗領域

人的需求就是經濟發展的動力，體驗需求是人的需求之一。馬克思曾預言，在共產主義社會裡，勞動將成為人們生活的第一需要，「勞動是一種快樂」。在馬斯洛的需求層次論中，「自我實現」是最高層次，體驗經濟就是以滿足人們情感需要、自我實現需要為主要目標的經濟形態。

三、體驗經濟在主題酒店中的應用

由於體驗經濟是一個全新的產業，我們和發達國家幾乎處於同一起跑線，而且中國大城市的消費水準已和發達國家相差無幾，海外的主題酒店進入的還不多，我們應該及早研究如何來順應這一變化，爭奪這塊大「奶酪」。發展體驗經濟不一定要另起爐竈，中國服務業已經有了相當的發展，在傳統的服務業中加入體驗要素不失為一條捷徑。

世界知名的跨國咖啡連鎖公司星巴克的成功正是源於其體驗經濟運用的結果。星巴克（Starbucks），1971年誕生於美國西雅圖，是一家靠咖啡豆起家的咖啡公司。1996年，星巴克開始向全球擴張，第一家海外店開在日本東京。從西雅圖一條小小的「美人魚」進化到今天遍布全球70多個國家和地區，連鎖店達到28,000家的「綠巨人」。1999年1月，經星巴克授權的北京美大星巴克咖啡有限公司在北京開設，星巴克開始挺進中國。星巴克自2000年5月登陸上海後，一年半中很快就開了18家連鎖店，19元左右一杯的意式咖啡和10元左右一份的點心徵服了上海的白領，忠實客戶的隊伍正在日益擴大中，白領認同這裡的氛圍、情調、體驗和時尚。在這裡，客人和咖啡師之間、客人和客人之間的真誠互動令人神往。在這都市鬧中取靜的幽雅環境中，有精選的輕音樂、有輕鬆閒適的聊天慾望，一種以顧客體驗為核心的咖啡文化取得了極大的成功，而這正是新服務經濟的主要特徵之一。

體驗經濟包含輕鬆、時尚的文化、以人為本的思想、崇尚創新的追求，強調滿足人的心理需求，提供人性化的環境和服務，把物質享受和精神享受結合了起來，這些都體現了後現代主義的精髓。體驗經濟是以客戶需求和體驗為導向開展經營的方式，其產品幾乎完全隱藏在服務背後，服務與產品之間的關係發生了逆轉，產品要依賴於服務所創造的條件。星巴克就是生動的一例。

體驗經濟的萌芽在酒店實際上已經存在，只是我們沒有將其提高到理性上來認識。婚宴是比較普遍的例子，因為酒店能夠提供婚禮的體驗。海內外許多遊客不惜提前在和平飯店訂座就餐，就是因為需要懷舊體驗；在錦江飯店也有其他酒店無法取代的體驗因素；在東湖集團下屬的花園賓館裡，人們在就餐的同時又消費了只能意會不可言傳的體驗。

早在1995年，以乒乓文化為主題的山東玉泉森信大酒店開業，客房300間。酒店門前有山東籍乒乓球運動員喬偉、劉雲萍的塑像。酒店建成了1,000多平方米的乒乓球館，成立了乒乓球俱樂部，由原山東省乒乓球主教練薛立成負責，擁有專業的教練

員、陪練員和裁判員隊伍，為乒乓文化的深入挖掘提供了專業的人才保證。酒店組織、承辦過 CCTV 杯國際乒乓球挑戰賽、中國 CCTV 杯乒乓球擂臺賽等乒乓球賽事。玉泉森信大酒店據說是中國第一家主題酒店。1997 年，鶴翔山莊被改建成了一家以道教文化為主題的酒店，據說是中國主題酒店的發源地。近年來，各種文化的主題酒店在中國相繼出現，見證了體驗經濟在中國的蓬勃發展。

主題酒店是酒店業發展的方向，但在中國，主題酒店依然可以說剛剛起步。在戰火烽菸、群雄逐鹿的酒店業市場上，她就像是寂寞雪原上的一朵奇葩，含苞欲放。主題酒店也被諸多的傳統酒店所「垂涎」。當然，傳統酒店要加入體驗的要素，應該考慮以下幾方面：

第一，考慮顧客住宿需求的同時考慮其精神需求；
第二，這種精神需求要從多樣化、個性化、多角度方式來研究；
第三，要重視把文化和知識轉化為生產力，知識就是利潤。

四、主題酒店體驗載體系統及其結構

主題酒店體驗載體系統（Theme Hotels Experience Vector System）是主題酒店所有體驗載體所構成的系統，它由舞臺體驗載體系統、活動體驗載體系統、環境體驗載體系統和服務體驗載體系統四個子系統構成（如圖6-2）。舞臺體驗載體系統是旅遊體驗載體系統的基礎與前提，它提供了旅遊體驗的核心對象和物質載體。活動體驗載體系統是旅遊體驗載體系統的核心，顧客通過活動體驗載體系統來引導對舞臺體驗載體系統、環境體驗載體系統、服務體驗載體系統的體驗。環境體驗載體系統和服務體驗載體系統是支持系統、體驗載體系統共同給顧客提供綜合的旅遊體驗，它為顧客的主題體驗提供了良好的輔助體驗與氛圍。舞臺體驗載體系統、環境體驗載體系統和服務體驗載體系統相互影響，並圍繞著活動體驗載體系統共同為顧客提供綜合旅遊體驗。

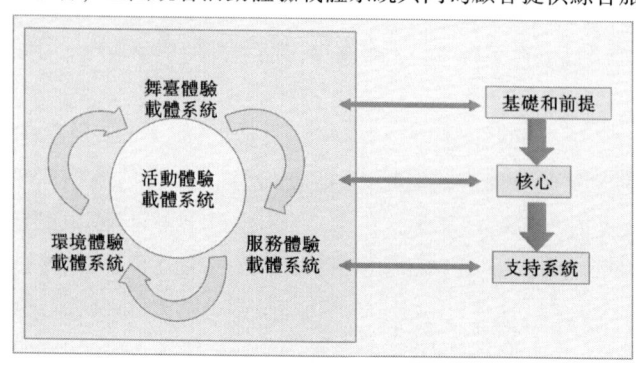

圖 6-2　主題酒店體驗載體系統

第二節　差異化理論與主題酒店核心競爭力

一、差異化理論

邁克爾‧波特在其《競爭戰略》一書中闡述了企業獲取競爭優勢的三個基本戰略：成本領先戰略、差異化戰略及目標集聚戰略，由此奠定了差異化在企業獲取競爭優勢中的作用。差異化理論的核心觀點包括：企業能夠提供區別於其競爭對手並滿足顧客特有價值的東西，該企業就具備了區別於其他經營者的差異化，以此區別可以幫助企業獲取溢價；差異化來源於企業所進行的各種具體活動和這些活動影響買方的方式；差異化往往要付出高成本的代價，而波特認為如果差異化所帶來的顧客價值大於其所額外支付的成本，那麼，企業同樣可以獲得溢價；如果在差異化的基礎上能夠想方設法地降低成本，那麼企業在成本和差異化上都具備了優勢。

二、酒店核心競爭力與主題酒店核心競爭力的概念

進入 21 世紀後，由於酒店數量的迅速增加，新酒店檔次的不斷提升，酒店之間的競爭進入了白熱化的階段。那麼，如何在激烈的市場競爭中贏得一席之地呢？從目前酒店業的情況來看，打造酒店的核心競爭力，樹立顧客認可的品牌是參與競爭、贏得市場的重要手段。

(一) 酒店核心競爭力概念

自普拉哈拉德與哈默爾提出核心競爭力的概念以來，眾多學者開始在酒店層次開展核心競爭力的研究，並取得了相應的成果。根據一般主題酒店核心競爭力的獨占性、延展性、動態性等特徵，一些學者給出了酒店核心競爭力的概念，概括為：酒店核心能力是一種酒店以獨特方式運用和配置資源的特殊資源（卞顯紅，2001）；酒店核心競爭力是酒店一系列能力的綜合（鄒益民，韓曉燕，2001）；酒店核心競爭力是使顧客得到的高於競爭對手的產品或服務品質與價值（谷慧敏，2002）。劉琳（2003）認為酒店的核心競爭力是知識與技巧、管理體制、實物系統、價值觀的綜合體現，其構成要素歸納起來包括以知識為基礎的技術能力、外部網絡、組織管理能力和市場活動能力（見表 6-1）。陳文娟（2009）認為酒店核心競爭力是酒店能夠提供區別於其他競爭對手、體現顧客獨特價值的產品或服務的資源或能力的集合。

表 6-1　　　　　　　　　　普通酒店核心競爭力構成要素

構成要素	具體內容
技術能力	電子商務、電子門鎖、資產管理系統等酒店高科技系統
外部網絡	聲譽、顧客滿意度、消費者剩餘
組織管理能力	組織結構、財務控制、信息傳遞、企業文化和激勵機制
市場活動能力	市場應變能力、市場開拓能力和市場競爭能力

資料來源：劉琳，酒店企業核心競爭力指標評價體系的構建［J］．酒店現代化，2003（1）：31-33．

（二）主題酒店核心競爭力概念

主題酒店是酒店行業激烈競爭的產物，創造區別於競爭對手的差異是其本身具有的經營理念。結合以上專家學者對酒店核心競爭力的闡釋，主題酒店核心競爭力應該是能夠體現主題文化群體顧客的獨特文化價值，提供相應產品或服務的資源或能力的集合。創新是主題酒店最重要的核心能力。

三、主題酒店獨特資源分析

酒店獨特的資源是核心競爭力的源泉。酒店業的蓬勃發展成就了豐富的酒店資源，酒店之間的競爭已經不再是有形資源的競爭了，更多的是文化、人才、品牌、組織等無形資源的較量。而對主題酒店來說，無形資源的獨特性才是其競爭優勢所在。

（一）獨特的文化資源

主題酒店建設是對傳統文化的深入挖掘，從而實現文化資源向文化資本的轉化。也就是說將某一主題文化與現代酒店產品相結合，將文化資源轉化為文化資本，最終形成獨有的無形資產。比如，鶴翔山莊選擇了道家文化主題，理由在於道家文化對中國傳統文化的深遠影響，並在悠久的中華文化歷史中形成了深厚的文化積澱。而更重要的還在於，鶴翔山莊所在地青城山系道教發源地，而山莊就建在距今已1,700多年歷史的古道觀長生宮旁，因而被譽為「中國道家文化第一莊」。因此，道家文化的深厚積澱與獨特的地域空間相結合，就形成了這種文化資源的獨特性和唯一性。這種文化的源頭，既來源於中國傳統文化的博大精深，更得益於酒店所在地域的本土文化。再如，廈門的音樂島酒店，在融合中西文化，特別是巧妙融入本土文化內涵方面，做了積極嘗試。音樂島酒店原名怡華酒店，管理者借1999年公司贊助廈門市愛樂樂團的東風，將酒店改名為音樂島酒店，又借助廈門市舉辦「第四屆青少年柴可夫斯基國際音樂比賽」的契機，更換主題招牌，改造部分設施設備，注重渲染「音樂主題」文化氛圍。

(二) 獨特的人力資源

普通酒店服務人員通常只需要掌握一般的服務技能，而在主題酒店，這些遠遠不夠。鑒於主題酒店的文化特性，從主題的構想與定位、裝潢設計、產品研發到營運管理，各個環節都要恰到好處地體現主題文化，這些都需要通曉酒店主題文化的獨特的人力資源。比如特別的藝術和技能人才的創造能力，是其多年在生活和工作中的實踐累積，也是經驗、是思想、甚至是某種精神，屬於默會能力。特殊人才體現特殊價值。這種價值，無法通過組織規則和行為規範加以學習、推廣和傳播。因此這種能力更顯示出其獨有性。在一定意義上說，主題酒店人力資源是主題文化的載體，是傳播者，是主題文化的象徵。為了更好地挖掘和創新酒店經營，京川賓館首創了文化專員一職。魏小安評價：「文化專員這一職務本身就體現了創新。」

(三) 獨特的品牌資源

這裡所稱的品牌資源有兩個含義：一是指運用已有的品牌資源；二是在主題酒店建設中有意識的創建，最終形成新的品牌資源。就前者而言，如坐落於杭州著名的歷史文化街區北山路上的新新飯店，以民國風情為主題。該飯店開業於 20 世紀初，一直以來以其幽雅大氣的歐式建築風格，優良精湛的服務及主題文化吸引著眾多海內外賓客。魯迅、陳布雷、於右任、李叔同、徐志摩、胡適、史量才、啓功、汪道涵等眾多政要和社會名流曾下榻於此，並給予飯店極高的評價。後者則以禪文化為主題的樂山禪驛度假酒店，以電影文化為主題的北京益田影人花園酒店等為新興代表。山東曲阜闕里賓舍則運用了儒家文化作為品牌。雖然這個文化品牌本身並沒有專利性，但是別的酒店如果要拿來用，就缺乏空間地域這個優勢。

曲阜闕里賓舍位於孔子故里──曲阜市中心，右臨孔廟，後依孔府，採取中國四合院式的佈局，組成幾座院落，以回廊貫通，與孔廟、孔府融為一體、相得益彰。整個酒店散發著濃鬱的文化氣息，是國內最為典型的一家儒家文化主題酒店。闕里，是孔子當年居住的地方。闕里賓舍客房與孔府同處一條中軸線，儒雅溫馨的居住環境讓人留戀。由孔府內廚正宗傳人特別烹制的孔府菜及孔府家宴、喜宴、壽宴是中國飲食文化的精品。賓舍還設有配備六國語言同聲傳譯設施的國際會議廳和門類齊全的康樂中心。孔子古樂舞藝術團的演出讓您體驗悠悠古魯風情、品味孔子聞《韶》之感，使人流連忘返。十幾年來，闕里賓舍憑藉孔孟之鄉特有的傳統禮儀接待了數以百萬計的海內外嘉賓而蜚聲中外。闕里賓舍建於孔府「喜房」遺址，由中國著名建築設計大師戴念慈先生精心設計並獲得國際建築設計金獎，店名「闕里賓舍」由當代藝術大師劉海粟先生親筆題寫。2016 年入選「中國 20 世紀建築遺產」。

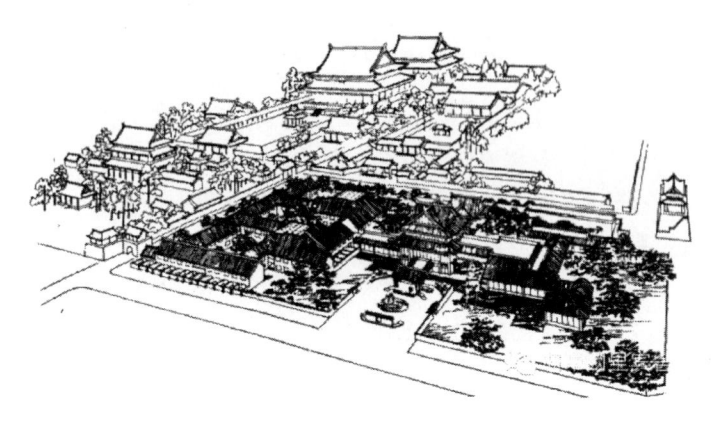

圖 6-3　闕里賓舍設計草圖

四、主題酒店的核心競爭力分析

企業核心競爭力是指對資源的綜合利用和為完成特定任務對所需資源進行組合的方式和過程。每一種獨立的資源是無法為企業創造價值和建立競爭優勢的，企業的各種資源必須組合起來，形成有組織的能力。主題酒店核心競爭力應該是能夠體現主題文化群體顧客的獨特文化價值，提供相應產品或服務的資源或能力的集合。

（一）主題酒店資源轉化能力

主題酒店的資源轉化能力，就是將主題酒店的核心資源轉化為酒店的核心能力。主題酒店具有許多核心資源，然而，這些核心資源如果不加以再建設，不在企業價值鏈中去加以整合配置，是無法形成酒店能力的。

從文化主題到文化競爭力的轉化工作比較複雜，成功的轉化會產生吸引力、注意力、記憶力和競爭力。如西藏飯店的藏文化長廊，既集中展示了西藏民族和自然的文化，又是酒店的商場、茶坊。在印巴文化店，所有物品都按照西藏民居的風格擺放布置，原汁原味，用以還原藏區多姿多彩的民俗風情。在藏藥專賣店，則是各具神效的生態型、原產地藏藥，如著名的藏紅花、雪蓮、冬蟲夏草和制成標本的羚羊角、熊掌等珍貴之物，無不使人對西藏那白雪皚皚的雪域高原產生無盡遐想。他們運用這些資源，樹立酒店的獨特形象，推出消費者喜好的獨特產品，提高市場佔有率，提高平均售價、提升客房出租率以及擴大餐飲和其他產品的銷售渠道，這時，藏家文化和品牌的資源，便轉化成了酒店的行銷能力，進而轉化成了盈利能力。

（二）主題酒店創新能力

產品創新表現在：一是將傳統酒店的住宿餐飲產品賦予主題文化的內涵。闕里賓舍依託儒家傳統養生秘笈，順應綠色食品消費潮流，精心設計出「長生宴」。京川賓館

將三國典故融匯到菜肴製作當中，創制出地方風味濃厚且富含歷史文化寓意的精品川菜系列，如蜀宮宴、三國宴、龍鳳呈祥主題宴、關公賜福團年宴及三國風味菜等。客人在酒店消費的過程，就是汲取文化知識的過程，也是獲得知識價值的過程。二是以酒店主題文化為主導，整合相關市場資源，研發新產品並形成產業鏈。如鶴翔山莊與青城山太極養生專家合作開發建立的鶴翔太極養生基地，以道家健體長生之術為本，依託現代醫學科技，旨在滋生人的綜合康體養生。

主題酒店的服務創新有著深刻的文化內涵，是對主題文化生動形象地表達。如酒店會設計一系列與主題相關的活動，這相對普通酒店的服務來說是個飛躍。如成都西藏飯店晚間「歡樂時光」的活動，互不認識的海內外客人們會不由自主地站起來，與服務員們拉起手，輕歌曼舞。而許多西方客人會不由自主地駐足流連，觀賞和體味這熱烈奔放的西藏文化。藏式迎賓服務和原生態歌唱迎賓項目，也是對普通酒店前廳服務的顛覆。

五、基於差異化理論構建主題酒店核心競爭力

目前中國酒店業面臨需求相對不足與競爭異常激烈的市場環境，國外酒店品牌的全線壓境使得本土酒店更是在夾縫中求生存。在這種情況下，單純依靠產業擴張或者品牌模仿來實現成功已經非常牽強。通過差異化來實現顧客價值從而獲得成功歷來是國際酒店品牌慣用的戰略之一。將差異化理論引入酒店核心競爭力的建設可以為酒店獲得長期而穩定的競爭優勢。通過差異化理論的內涵解析及對酒店核心競爭力概念的總結，我們發現，差異化理論與酒店核心競爭力達到了完美的契合，即酒店的核心競爭力很大程度上可以通過差異化來實現。酒店核心競爭力是酒店獲得市場競爭優勢體現顧客獨特價值的能力或資源，因此，酒店在許多領域可以獲得基於差異化的核心競爭力，比如組織文化、人力資源、成本控制、產品或服務的價值、管理模式、市場行銷等。而創建主題酒店正是實現酒店差異化、培養核心競爭力的一種有效而直接的形式。

（一）努力創造顧客價值

差異化來源於為顧客創造價值的獨特性，顧客購買主題酒店產品來源於酒店為其提供的購買價值的獨特程度，而酒店核心競爭力來源於顧客對其購買價值的認同與依賴程度。因此，要構建酒店的核心競爭力，就要努力為顧客創造特有的購買價值，從而實現降低顧客成本或提高顧客效益的目的。如家在酒店建造成本上下功夫，利用租賃或改造舊建築等方式實現成本控制的差異化，從而使酒店以低成本獲得溢價；通過建立自己的酒店管理大學來培養和規範本酒店的人力資源，形成具有良好傳承性的管理團隊，從而實現酒店管理體系的一致性並能為顧客提供始終如一的優質服務。希爾

頓酒店集團在人力資源上的差異化為其實現了在行業內的競爭優勢。在花費了很多人力與財力資源用以建立完善的顧客檔案系統之後，來自世界各地的泰國東方大酒店的客人都會因為收到酒店寄來的生日賀卡而驚喜不已，此舉也成為泰國東方大酒店的經營招牌。因此，努力為顧客創造購買價值是成就酒店核心競爭力的關鍵。

（二）敢於創新主題

主題酒店的經營應實施差異化戰略，所以在主題選擇上首先應該獨特新穎，這種獨特新穎應該是從顧客角度出發，能帶給顧客獨特的體驗感受。這就要求密切關注競爭對手，避免主題相似。如果競爭對手的主題定位經營很成功，那麼在進行酒店主題定位上就應該盡量避開，並且盡量做到相互補充，這樣既不會引起競爭者敵視，還可以創造彼此聯合發展的機會，建立良好的競爭環境。核心競爭力一大特點是具有不可模仿性，主題酒店的投資高，功能性退出壁壘高，所以主題酒店在主題概念設計方面必須具備一定的不可進入性，防止被競爭對手模仿，導致競爭優勢被破壞。主題酒店增長的過程就是競爭優勢自我破除的過程，酒店應該不斷挖掘主題內涵，對主題概念進行升級。國內常出現一窩蜂上的現象，在主題酒店的主題設計時應盡量避免。這點我們可以借鑑下「主題酒店之都」——拉斯維加斯的一些成功經驗。拉斯維加斯主題酒店的主題多種多樣，有城市的、故事的、自然風光的。同時主題獨特新穎、具有一定的顧客認同度，不管是紐約酒店、巴黎酒店、威尼斯酒店，還是神劍酒店、阿拉丁酒店，其主題都具有相當的吸引力。拉斯維加斯主題酒店的主題豐富多彩，以賭場為共性形成規模效應，彼此襯托，成為一個主題酒店產業群，使得顧客體驗更為豐富。

（三）設計獨特的產品和服務組合

用文化打造核心競爭力，顯得籠統，文化是無形的，必須通過有形的東西展示出來。對於酒店，有形的東西是什麼？是產品，是服務。主題酒店是具有某種文化主題的酒店，而各種文化都可以被不同的酒店引入，差異性則是通過設計不同的產品和服務及其組合來實現。當到處是三國文化主題酒店時，其差異性如何表現呢？其核心競爭力又如何表現呢？所以，主題酒店的核心競爭力是其獨特的產品和服務及其組合。

酒店的核心競爭力的強弱決定著酒店的生存與發展，而這種競爭力強弱的最終判定者是酒店的消費者，即顧客。消費者對酒店產品具有最終的裁決權。因為隨著消費者市場的成熟，消費者消費選擇的理性化和多樣化，酒店的產品能否最大限度地滿足消費者的需要，就成了消費者選擇或不選擇該酒店的最後依據。因此，如何運用酒店現有資源，打造品牌，形成核心競爭力，就成了主題酒店參與市場競爭的要害。

第三節　主題酒店質量管理戰略

主題酒店質量管理戰略是基於顧客滿意系統而制定的質量管理方法。

一、通過顧客滿意，培育忠誠顧客

忠誠顧客會不斷重複購買主題酒店的產品和服務，從而成為主題酒店實現利潤的穩固基礎。美國哈佛大學《商業評論》指出：顧客忠誠度提高5%～25%，可提高全部利潤的25%～85%。此外，忠誠顧客可以節省大量市場開發的費用。據有關調查，維持一個忠誠顧客的費用只是開發一個新顧客費用的1/5。更為重要的是，忠誠顧客會帶來許多新的客人。對於酒店業來講，口碑是最好的廣告。有些主題酒店還提出以顧客的「零流失」為管理目標。

顧客滿意是顧客在消費了主題酒店提供的產品和服務之後所感到的滿足狀態，是顧客個體的一種心理體驗。如顧客入住某一主題酒店，他根據所付費用和自己的經驗，會對主題酒店的產品和服務抱有一種期望。如果所得到的產品和服務合乎自己的期望他就會感到滿意；超越自己的期望，他就會很滿意；低於自己的期望則不滿意。顧客滿意度越高，忠誠度也就越高。顧客第一次購買時宣傳推銷會起很大的作用，而以後的購買程度在於顧客對於以前接受服務的評價。

美國全錄公司是一家生產複印機的公司。公司對48萬名顧客調查滿意度。調查結果顯示，滿意的顧客再次購買公司產品的意願並不高，與此相比非常滿意的顧客再次購買公司產品的意願提高了6倍。

顧客滿意度與忠誠度的關係可通過圖6-4來表示。

由此可見，非常滿意的顧客才能成為忠誠的顧客。最有可能使顧客非常滿意的是產品和服務。所以，主題酒店應該追求「超越顧客滿意」作為經營管理的目標。

事實上，對於主題酒店的顧客而言，酒店的主題文化與服務是顧客真正關心的，顧客尋求的文化氛圍和體驗在顧客的期望值中佔有重要的成分。那些「有形無魂」，對主題挖掘不深，坑概念來吸引顧客的酒店可能會適得其反，引起顧客的反感，造成顧客的流失。

忠誠度/留存度

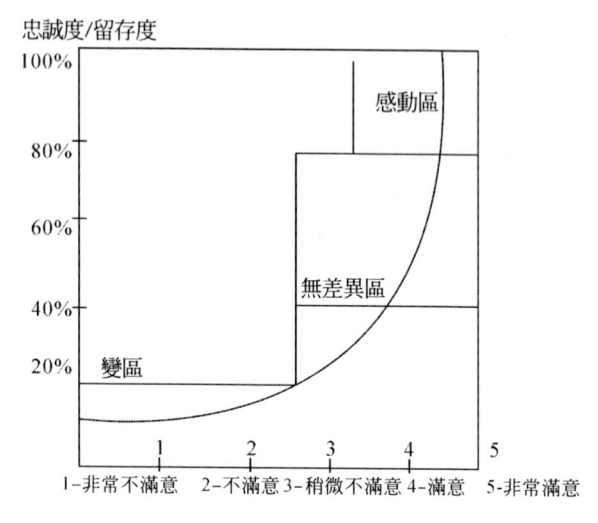

感動區

無差異區

變區

1-非常不滿意　2-不滿意　3-稍微不滿意　4-滿意　5-非常滿意

圖 6-4　顧客滿意與忠誠度的關係

二、建立主題酒店的顧客滿意系統

（一）顧客滿意的含義

CS（Customer Satisfaction）即顧客滿意，是消費者在消費過程中需求得到滿足的一種狀態，現已成為一門管理藝術。CS 戰略也被稱作顧客滿意戰略，CS 始於 1986 年，是由一位美國消費心理學家提出的。對於主題酒店而言，CS 戰略是指主題酒店為了使顧客能完全滿意自己的產品或服務，綜合而客觀地測定顧客的滿意程度，並根據調查分析結果，改善整個主題酒店的產品、服務及酒店文化的一種經營戰略。它要建立的是顧客至上的服務，使顧客感到百分之百滿意，從而達到效益倍增的一種新的系統。

CS 戰略中的「顧客」一詞涉及內容十分廣泛：其一是指主題酒店的內部顧客，即主題酒店的內部成員，包括主題酒店的員工和股東；其二是指主題酒店的外部顧客，即凡是購買和可能購買本主題酒店的產品或服務的個人團體。因此實施 CS 戰略的主題酒店所面臨的顧客關係，不僅有主題酒店與員工的關係，同時還包括主題酒店與消費者和用戶的關係。所以，CS 戰略是一種以廣義的顧客為中心的全方位顧客滿意經營戰略。

CS 的核心思想是主題酒店的全部經營活動都要從滿足顧客的需要出發，以提供使顧客滿意的產品或服務為主題酒店的責任和義務，以滿足顧客需要、使顧客滿意為主題酒店的經營目的。

在主題酒店的經營中，顧客滿意通常包括三個方面的滿意：一是獲得滿意的產品

和服務；二是獲得特殊的經歷與體驗；三是精神得到滿足，尤其是主題文化帶給顧客的情趣、地位、生活方式、認同感等。

CS 有三個方面的基本含義：

1.「顧客第一」的觀念

美國學者調查表明，每有一名通過口頭或書面直接向公司提出投訴的顧客，就有約 26 名感到不滿意的顧客保持沉默。這 26 名顧客中的每個人都有可能對另外 10 名親朋好友造成消極影響，而這 10 名親朋好友中，約有 33% 的人有可能會再把這種不滿信息傳遞給另外 20 人。也就是說，只要一名顧客對主題酒店不滿意，就會導致（26×10）+（10×33%×20）即 326 人不滿意，可見影響之深遠，後果之嚴重。因此，顧客滿意就要求經營者真正做到從思想上到行動上都把顧客當作「上帝」，在生產經營活動的每一個環節，都必須眼裡有顧客，心中有顧客，全心全意地為顧客服務，最大限度地讓顧客滿意。

2.「顧客總是對的」的意識

CS 活動要求員工必須遵守三條原則：一是應該站在顧客的角度考慮問題，使顧客滿意並成為可靠的回頭客；二是不應把對產品或服務有意見的顧客看成是故意挑剔的客人，應設法消除其不滿，獲得其好感；三是應該牢記，同顧客發生任何爭吵或爭論，主題酒店絕對不會是勝利者，因為你會失去顧客，也就意味著失去利潤。

3.「員工也是上帝」的思想

一家主題酒店，只有善待你的員工，這樣他們才會善待你的顧客。滿意的員工能夠創造顧客的滿意。因此，主題酒店要想使自己的員工讓顧客百分之百滿意，成為顧客擁護者和顧客問題的解決者，首先必須從滿足員工的需要開始——滿足他們求知的需要、發揮才能的需要、享有權利的需要和實現自我價值的需要，關心和愛護員工，調動員工的積極性，激發員工的奉獻精神，樹立員工的自尊心，使他們真正成為推進主題酒店 CS 戰略、創造顧客滿意的主力軍。一句話，主題酒店必須用你希望員工對待顧客的態度和方法對待你的員工。

（二）主題酒店 CS 的構成

1. 在橫向層面上，主題酒店 CS 包括五個方面

（1）主題酒店的理念滿意，即主題酒店經營理念帶給內外顧客的滿意狀態，它包括經營宗旨滿意、經營哲學滿意和經營價值觀滿意等。

（2）行為滿意，即主題酒店全部的運行狀況帶給內外顧客的滿意狀態，包括行為機制滿意、行為規則滿意和行為模式滿意等。

（3）環境滿意，主題酒店的外觀形象及內部佈局、裝飾、色彩、聲音、標誌、氣味等。

（4）產品滿意，即產品帶給內外顧客的滿意狀態，包括產品的種類、質量、功能、

包裝、品位和產品價格滿意等。

（5）服務滿意，即主題酒店服務帶給內外顧客的滿意狀態，包括服務的完整性和方便性滿意、過程的愉悅性、保證體系滿意等。

2. 在縱向層面上，主題酒店 CS 包括三個逐次遞進的滿意層次

（1）物質滿意層，即顧客對主題酒店產品的核心層，如產品的功能、質量、設計和品種等的滿意。值得注意的是，主題酒店的核心產品除了客房、餐飲這些酒店的基本產品外，最重要的是主題文化的傳播載體。這也是顧客最期待的部分。如溫泉主題酒店的溫泉、養生主題酒店的太極養生功、禪文化主題酒店的禪文化交流等都是主題酒店核心產品中的亮點和增值產品。

（2）精神滿意層，即顧客對主題酒店產品的形式層和外延層，如產品的外觀、色彩、裝潢、品位和服務等所產生的滿意。主題酒店的主題文化氛圍和體驗性產品（如主題娛樂活動、體驗式購買等）是形成顧客精神滿意的重要方面。

（3）社會滿意層，即顧客在對主題酒店產品和服務的消費過程中所體驗的社會利益維護程度，主要指顧客整體（全體公眾）的社會滿意程度。如三國文化主題酒店是對中國古典文化的傳承和宣傳，紅色主題文化酒店讓人們不忘歷史，藏文化主題酒店讓人們瞭解藏民族文化，這些主題文化選擇都會得到社會公眾的好感和欣賞，提升酒店的美譽度。

（三）建立顧客滿意級度

顧客滿意級度是顧客在消費了主題酒店的產品和服務後所產生的心理滿足狀態等級體系，用英文表達是 Customer Satisfaction Measurement，簡稱 CSM。

顧客滿意級度可用顧客滿意軸來表示，如圖 6-5 所示。

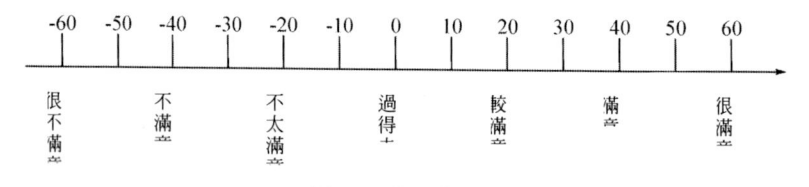

圖 6-5　顧客滿意軸

顧客滿意軸把顧客的滿意水準分為 7 個等級：很不滿意、不滿意、不太滿意、過得去、較滿意、滿意、很滿意。7 個滿意等級的分值分別為 -60、-40、-20、0、20、40、60，分數總和為零。

建立顧客滿意級度的目的是更好地測定顧客對主題酒店的滿意度，或顧客對主題酒店的產品或服務的滿意度。在實際操作中，可以設定可能影響顧客滿意的各個項目，讓顧客根據自己的感受和評價，按照顧客滿意軸的標準給每個項目打分，然後用下面公式進行計算：

$$\text{CSM} = \frac{\Sigma X}{N}$$

式中，CSM 代表顧客滿意分值；ΣX 代表調查項目的顧客評分之和；N 表示調查項目的數量。

CSM 得分高表明顧客滿意，得分低則表明顧客不滿意。

三、主題酒店質量管理的方法

（一）ZD 管理法

ZD 管理法即零缺陷（Zero Defects, ZD）管理方法。被譽為「全球質量管理大師」「零缺陷之父」和「偉大的管理思想家」的菲利浦‧克勞斯比（Crosbyism）在 20 世紀 60 年代初提出「零缺陷」思想，並在美國推行零缺陷運動。ZD 管理法又稱零缺陷管理法，零缺陷管理的思想主張酒店發揮人的主觀能動性來進行經營管理，所有崗位的員工要努力使自己的產品、服務沒有缺點，並向著高質量標準的目標而奮鬥。該管理法是以拋棄「缺點難免論」，樹立「無缺點」的哲學觀念為指導，要求全體工作人員「從開始就正確地進行工作」，以完全消除工作缺點為目標的質量管理活動。採用這種方法，可以促使主題酒店服務管理達到最佳。其主要做法如下：

1. 建立服務質量檢查制度

主題酒店質量具有明顯的短暫性特點，且主題酒店服務工作大多由員工手工勞動完成。因此，主題酒店質量管理必須堅持「預防為主」的原則，通過全面檢查的方式，確保崗位員工在賓客到來之前就已做好充分的服務準備，防患於未然。為此，主題酒店應建立服務質量檢查制度，如有的主題酒店建立了自查、互查、專查、抽查和暗查五級質量檢查制度，督促員工執行質量標準，預防質量問題出現。

2. 開展零缺點工作日競賽

一般說來，造成主題酒店服務質量問題的因素有兩類，即缺乏知識和認真服務的態度。知識的缺乏可通過培訓等充實，但態度的漫不經心只有通過個人覺悟才有可能改進。因此，主題酒店可開展零缺點工作日競賽，使員工養成第一次就把事情做對（Do It Right the First Time, DIRFT）的工作習慣。在零缺點工作日的基礎上，還可推行零缺點工作週、零缺點工作月等，逐漸使每位員工的服務工作達到完美無缺的程度，從而促使主題酒店服務質量達到最佳的狀態。

克勞斯比抓住了現代管理的核心：應用客戶化的思維。只有應用客戶化的思維，站在客戶的角度，才能瞭解客戶需要，滿足客戶期望值，實現客戶忠誠，才能夠帶來源源不斷的回頭客。因此，零缺陷管理的產生得益於預防為主的概念的採用，得益於一種客戶化的思維，注重過程的管理，它是主題酒店管理者大膽創新、勇於挑戰的戰

略思想的運用。沒有零缺陷的精神與思維，絕不可能有主題酒店的質量管理。

(二) 體系監控法

體系監控法（System Control Method）是指主題酒店為提高服務質量而建立的一種服務質量管理體系。該體系由質量管理各要素組成一個管理系統，該系統把主題酒店各個部門的工作質量和服務過程中的每一個環節的服務質量緊密地聯繫在一起，要求每位員工樹立質量意識，關注賓客消費需求，提高各自的工作帶給賓客的滿足程度，並予以監督控制。其內容主要包括以下四個方面：

1. 建立質量管理機構

設置質量管理機構是提高主題酒店服務質量的組織保證。主題酒店應建立以總經理為首的服務質量管理機構和網絡，它由下列方面構成：一是建立質檢部。主題酒店應單獨設立質檢部或質管部，在總經理的直接領導下，全面負責主題酒店的服務質量管理工作。質檢人員巡迴檢查酒店的工作，發現問題及時處理。這樣既控制了服務質量，又提高了管理水準。二是成立質量管理小組。主題酒店各部門應根據部門工作的實際情況，組建以各級行政領導為首的服務質量管理小組，全面控制本部門或班組的質量，如餐飲部的菜點質量管理小組、餐廳服務質量管理小組等。

2. 進行責權分工

在主題酒店質量管理過程中，應明確規定主題酒店總經理、質管部、各業務部門和職能部門、各班組及各崗位員工對主題酒店服務質量的應盡責任和權限，做到責、權統一，並使每項服務質量管理工作落到實處。

3. 制定並實施服務質量標準

制定和實施服務質量標準是提高主題酒店服務質量的關鍵，也是主題酒店服務質量管理體系的主要要素之一。

4. 建立質量管理制度

質量管理制度是貫徹執行質量標準，滿足賓客需求的前提和保證。其內容主要有：質量標準及其實施工作程序、質量檢查制度、質量信息管理制度、質量投訴處理程序、質量考核（獎懲）制度。質量管理制度應詳盡具體，但不宜過多，應避免重複交叉或自相矛盾而使員工無所適從。

服務質量信息是主題酒店進行服務質量決策的基礎與前提，是質量計劃的依據，也是組織服務質量管理活動的中樞，更是質量控制的工具，因而也是主題酒店服務質量管理體系的重要組成部分，所以必須引起高度重視。

賓客因對主題酒店服務不滿而提出投訴，這是一件好事。曾有統計資料表明：大多數投訴客人會成為酒店的回頭客，這些客人認為酒店服務有不足，但他們相信酒店會改善；而絕大多數感到不滿而沒有投訴的客人往往不會再次光臨這家酒店。所以，主題酒店管理者應正確處理投訴，把賓客投訴視為發現問題、提高服務質量的機會。

處理好賓客投訴，可消除賓客的不滿，其本身也就是主題酒店服務質量管理的重要內容。所以主題酒店應制定處理服務質量投訴的原則、方法和措施。

(三) 服務質量控制法

服務質量控制法是指對主題酒店質量實施有效控制的方法。在實際工作中，主要應從三個方面來對主題酒店服務質量進行控制。

1. 事前服務質量控制

事前服務質量控制是提高服務質量的前提條件，其根本目的是貫徹預防為主的方針，為提供優質服務創造物質技術條件，做好思想準備。主題酒店各部門的服務性質不同，事前準備工作的內容、形式、時間也不同。因此，要根據各部門的不同情況，來控制事前服務質量。這主要包括如下三個方面。

(1) 設施質量控制，包括主題酒店設施、設備的安全程度、舒適程度以及配備的合理程度。

(2) 物品供應質量控制，包括各種生活用品、服務用品的數量、質量、規格、供應時間、保證程度等。

(3) 食品原材料質量控制，包括食品原材料的採購時間、各種規格、儲存保管和加工質量等。

實施準備階段的檢查是控制服務質量的重要環節。只有做好上述工作，才能為提高服務質量提供前提條件和物質技術保證，這是主題酒店服務質量控制的重要內容。這些工作做得越好、越細緻，提高服務質量就越有保證。

2. 服務過程中的質量控制

服務現場應成為日常管理的重點。質量最終體現在服務現場，由於服務的特殊性，必須實地觀察服務，觀察客人的反應，才能對服務質量有深切的體會。服務過程中的服務質量控制貫穿於主題酒店業務管理的全過程。其重點包括如下兩個方面：

(1) 層級控制。即通過各級管理人員一層管一層地進行。它主要是控制重點程序中的重點環節，如總臺預訂、接待質量、飲食產品的生產質量、客房的衛生質量等。

(2) 現場控制。主題酒店服務質量的偏差往往是一瞬間發生的，有些偏差需要立即糾正，因此要加強現場控制。各級管理人員要盡可能深入第一線去發現服務質量中的問題，及時處理。如客人投訴要盡可能及時解決，在客人離店前盡量消除不良影響，以維護主題酒店聲譽。

3. 事後服務質量控制

事後服務質量控制是指及時收集各種信息，並對各種信息進行分析，發現問題，找出原因，從而有針對性地採取措施，保證主題酒店服務質量目標的實現。事後服務質量控制主要是找出經驗教訓，這與傳統的事後質量檢查是相類似的，但它又有進一步的做法，因為這種事後服務質量控制是面對未來的，它和質量環（PDCA 循環）融

為一體。對事後控制中發現的問題，必須循環到下一個質量環（PDCA循環）中去，提出更高的目標，由此不斷提高主題酒店的服務質量。

案例1　萬豪酒店管理集團——「人服務於人」

　　萬豪國際集團是世界上著名的酒店管理公司和入選《財富》全球500強名錄的企業，其管理業務遍布全球72個國家和地區，包括麗思卡爾頓酒店、JW萬豪酒店、萬麗酒店、萬豪酒店及度假酒店、萬怡酒店及萬豪行政公寓等20個品牌。萬豪曾被《財富》雜誌評為酒店業最值得敬仰企業和最理想工作酒店集團之一。

　　萬豪集團最基本的理念是「人服務於人」，創始人威拉德·瑪里奧特先生的經營思想是：酒店如能使員工樹立工作的自豪感，他們就會為顧客提供出色的服務。萬豪成功經驗的關鍵是以員工和顧客為企業的經營之重。萬豪的蓬勃發展離不開它20個成功的管理理念。

　　（1）我們群策群力，互相尊重，對待同事如同對待自己的家人和貴賓一樣。我們堅守萬豪先生的信念：同事之間互相關懷照顧，必定能為客人提供更周到體貼的服務。

　　（2）真誠待客，體貼關懷，以確保客人不斷再來光顧是我們最重要的宗旨。對客人表現出真誠熱情的態度，時刻全心全意的關注。

　　（3）笑臉迎人，親切招呼每位客人。以熱情有禮，和藹可親的態度與客人交談。盡可能用客人的名字來稱呼對方。謹記用適當的言辭，避免使用俗語和酒店術語。

　　（4）感謝客人光臨，親切地向客人說再見，令他們臨離開之前對酒店留下溫馨難忘的好印象。

　　（5）預先估計客人的需要，靈活配合。貫徹「主動待客」的原則，留心客人的神態，察言辨色，以提供體貼周到的服務，令客人喜出望外。

　　（6）對本身的工作崗位了如指掌。參加工作所需的所有培訓課程。

　　（7）任何同事收到客人的投訴，都有責任盡力處理。在自己權利範圍內盡力挽回客人的信心，按照跟進程序來處理客人的投訴，確保對方稱心如意。

　　（8）每位同事都有責任認識和尊重客人的喜好，使客人在酒店期間得到體貼的服務。

　　（9）任何同事如看到設施的用品損毀或不足，都有責任向上級報告。

　　（10）一絲不苟地執行清潔標準，是每位同事的責任。所到之處均予清潔，包括前堂和後堂。

　　（11）我們有一流的工作環境，所以請你不論是在公司內外，都擔當本酒店和公司的大使。請勿批評公司，切勿在顧客面前抱怨。以積極的態度表達你對工作環境的關注。

　　（12）總是能夠認出酒店的常客。

　　（13）對酒店的情況了如指掌，隨時能夠回答客人的問詢。總是首先推薦本酒店的餐

飲服務。親自為客人引路，單是指出方向並不足夠。如果走不開，至少陪客人走幾步。

（14）遵守電話禮儀。自我介紹。盡快接聽，不要讓電話鈴聲聲響超過三聲。用適當的話語問候來電者。若要轉撥來電或要對方等候，必須先得到對方同意。盡量不要轉撥來電。

（15）遵守制服及儀容標準，包括佩帶自己的名牌，穿著大方得體的鞋襪，隨身攜帶「基本須知」卡。保持個人衛生最為重要。

（16）客人和同事的安全，是我們最關注的事項。瞭解在緊急情況時自己應負的責任，並時刻警覺消防和救生程序。

（17）培養安全工作的習慣。遵守所有工作安全政策。一發現有事故、意外和危險，立即向上級報告。

（18）保護和照顧酒店的財產。資源要用得其所，減少浪費，確保妥善保養和維修酒店的物業和設施。

（19）瞭解本酒店和所屬部門的目標。你有責任與同事分享你的意見和建議，盡你所能不斷提高營業額、盈利、客人滿意程度和同事的士氣。

（20）你得到本酒店授權和信任，盡你所能處理客人的需要。必要時，應請同事幫忙。思考如何以創新的方法說「是」。

（文章來源：SEG 酒店管理）

案例 2　主題酒店顧客滿意度自查

主題酒店可根據酒店實際情況，設計有針對性的簡便易行的方案，獲取顧客評價的真實數據，作為酒店管理和質量改進的依據。數據的統計可運用 SPASS 軟件，有專業人士統計匯總分析，也可借助第三方問卷統計平臺，如問卷網、問卷星等。問卷調查的目的是及時獲取最真實有效的數據，作為管理層發現問題、精準分析和科學決策的依據。下面的問卷可作為酒店顧客滿意度自查的參考。

主題文化酒店的滿意度調查問卷

尊敬的先生/女士：

您好。您的滿意是我們不懈的追求。

為保證調查數據的真實有效，本調查以不記名方式進行。請您在合適選項數字打上符號「√」。

感謝您的積極配合。

＊＊＊＊酒店

第一部分　入住酒店基本情況

1. 您是否瞭解或入住過主題酒店：

1. 瞭解也住過
2. 聽說過但是沒住過
3. 沒聽過
4. 也許住過但是不瞭解

2. 您通常以什麼渠道知曉主題酒店信息：

1. 酒店公眾微信
2. 酒店官網
3. 雜誌報紙
4. 朋友/親戚/同事推薦
5. 第三方平臺（攜程、藝龍等）
6. 其他＿＿＿＿＿＿

3. 您本次入住的主題文化酒店屬於哪種主題：

1. 自然文化主題
2. 歷史文化
3. 民族文化
4. 城鄉文化
5. 藝術主題文化
6. 宗教文化
7. 名人文化
8. 社會風尚文化

4. 您本次入住的酒店有哪些主題設施（多選）：

1. 主題前廳
2. 主題餐廳
3. 主題客房
4. 主題娛樂設施
5. 主題商品及服務
6. 其他＿＿＿＿＿＿

第二部分　顧客滿意度因子評價

（本處以5分制表示，不同分值表示同意的程度，完全不同意為1分，完全同意為5分。）

序號	主題文化顧客滿意度因子	分值				
1	交通便捷、能順利抵達	1	2	3	4	5
2	酒店建築與周邊建築群風格協調	1	2	3	4	5
3	服務設施齊全且維護保養好	1	2	3	4	5
4	公共區域乾淨、整潔，且物品擺放整齊	1	2	3	4	5
5	服務標示醒目、直觀易懂	1	2	3	4	5
6	服務人員操作技術規範、技能嫺熟	1	2	3	4	5
7	消防設施齊全、安全提示信息完整	1	2	3	4	5
8	主題概念獨特、新穎	1	2	3	4	5
9	主題概念形象鮮明	1	2	3	4	5
10	主題概念文化底蘊深厚	1	2	3	4	5

表(續)

序號	主題文化顧客滿意度因子	分值				
11	主題概念表現系統完整和諧一致	1	2	3	4	5
12	主題概念與周圍環境協調	1	2	3	4	5
13	主題概念與當代消費觀念吻合	1	2	3	4	5
14	主題概念能與顧客產生共鳴	1	2	3	4	5
15	主題氛圍營造良好	1	2	3	4	5
16	整體建築與主題文化相吻合	1	2	3	4	5
17	主題裝飾或景觀體現主題	1	2	3	4	5
18	員工服飾裝扮與主題文化相吻合	1	2	3	4	5
19	主題文化元素豐富	1	2	3	4	5
20	色彩、燈光、氣味等體現主題文化	1	2	3	4	5
21	背景音樂與主題文化吻合	1	2	3	4	5
22	主題前廳與文化吻合	1	2	3	4	5
23	主題客房與文化吻合	1	2	3	4	5
24	主題餐廳與文化吻合	1	2	3	4	5
25	主題康樂設施與文化吻合	1	2	3	4	5
26	主題文化裝飾元素與文化吻合	1	2	3	4	5
27	員工服務方式與主題文化吻合	1	2	3	4	5
28	行銷宣傳活動與主題文化吻合	1	2	3	4	5
29	主題餐飲與文化吻合	1	2	3	4	5
30	該酒店主題文化能對顧客產生影響	1	2	3	4	5

第三部分　顧客滿意度評價

（本處以5分制表示，不同分值表示同意的程度，完全不同意為1分，完全同意為5分。）

序號	評價內容	分值				
31	我對本次住店總體滿意	1	2	3	4	5
32	我願意向我的親朋好友推薦該主題文化酒店	1	2	3	4	5
33	以後我還會持續關注並選擇入住該主題文化酒店	1	2	3	4	5

第四部分　個人基本信息

1. 您的性別：

1. 男　2. 女

2. 您的年齡：

1. 1~29歲　2. 30~39歲　3. 40~49歲　4. 50歲及以上

3. 您的月均可自由支配收入：

1. 1,000元以下　2. 1,001~2,000元　3. 2,001~3,000元　4. 3,001~4,000元

5. 4,001元以上

4. 您的職業類型：

1. 普通職員　2. 中高級管理人員　3. 學生　4. 退休人員　5. 其他

第七章
主題酒店創新經營

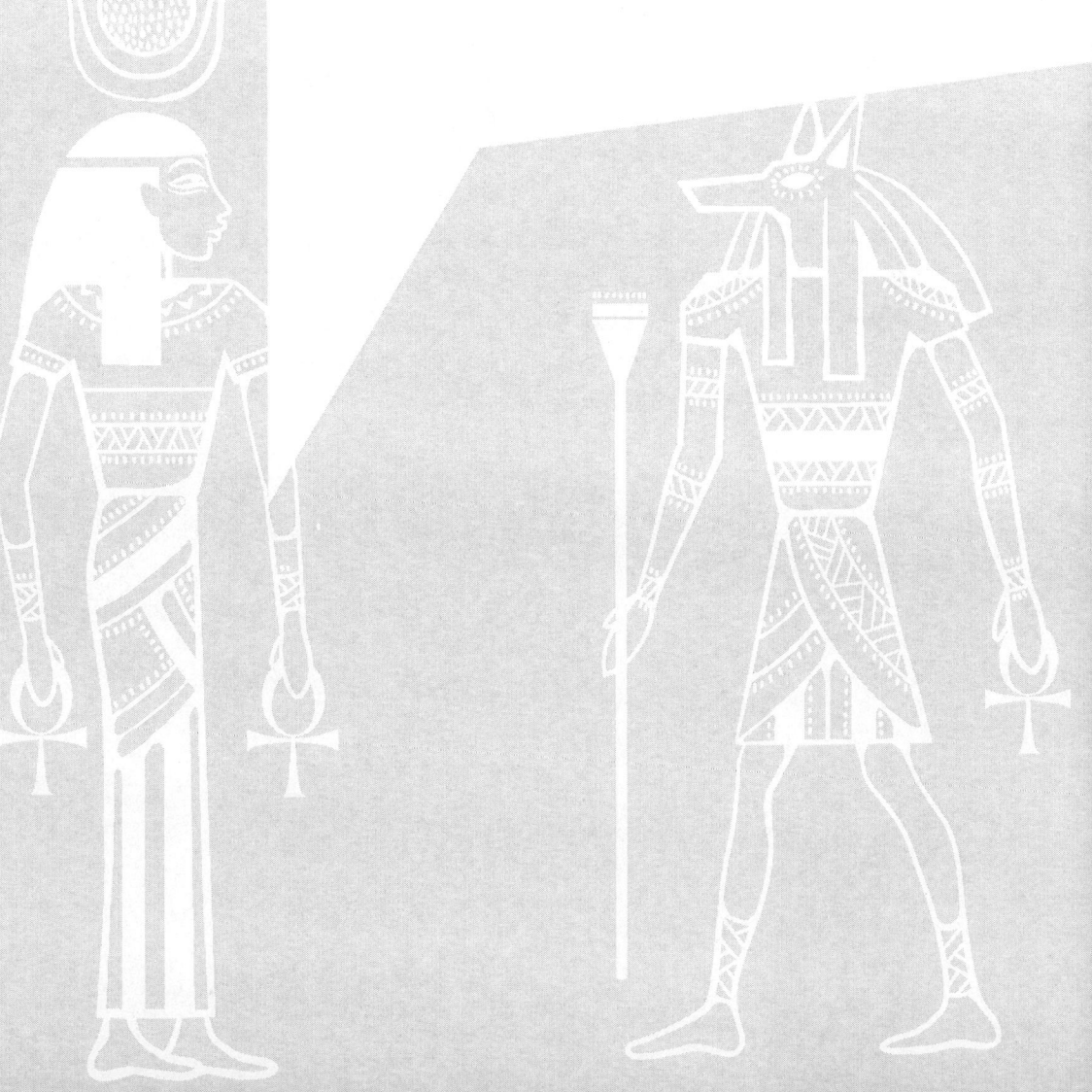

中國有句古話：「不謀全局者，不足謀一域；不謀萬事者，不足謀一時。」在20世紀二三十年代，福特一世以大規模生產黑色轎車獨領風騷數十載，但隨著時代變遷，消費者的消費需求也發生著變化，人們希望有更多的品種、更新的款式、更加節能省耗的轎車。而福特汽車公司的產品，不僅顏色單調，而且耗油量大、廢氣排放量大，完全不符合日益緊張的石油供應市場和日趨嚴重的環境保護狀況。此時，通用汽車公司和其他幾家公司則緊扣市場脈搏，制定出正確的戰略規劃，生產節能省耗、小型輕便的汽車，在20世紀70年代的石油危機中，躍然居上，使福特汽車公司曾瀕臨破產。所以福特公司前總裁亨利·福特深有體會地說：「不創新，就滅亡。」縱觀當代企業，唯有不斷創新，才能在競爭中處於主動，立於不敗之地。主題酒店作為當今最活躍的住宿業態之一，其創新發展勢在必行。

第一節　主題酒店創新理論

經濟學家熊彼特首次將創新概念引入經濟學,他在《經濟發展理論》一書中,把創新界定為「建立一種新的生產函數或供應函數」,即「企業創新就是把一種從來沒有過的關於生產要素的『新組合』引入生產體系」。熊彼特所界定的創新概念十分廣泛,涵蓋了企業生產、技術、管理各個過程。其後,美國管理學家彼得·德魯克在其《創新與企業家精神》中對創新做出進一步闡釋:「創新是大膽開拓的具體手段。創新的行動就是賦予資源以創造財富的新能力。事實上,創新創造出新資源……凡是能改變已有資源的財富創新潛力的行為,就是創新。」此後,學術界對創新理論進行深入研究,分化為兩個分支,即技術理論創新研究和制度理論創新研究。前者主要是以產品工藝創新和市場創新為對象,後者主要以組織變革和制度創新為研究對象。

北京大學的宋剛博士基於錢學森開放複雜巨系統理論視角,將知識創新、技術創新以及信息技術引領的管理創新組成了一個科技創新體系構建(見圖7-1)。但是一切創新的起點都在於有一個敢於懷疑、敢於突破、敢於創新的思想,所以,本書在此基礎上,進一步構建一個創新體系(見圖7-2)。

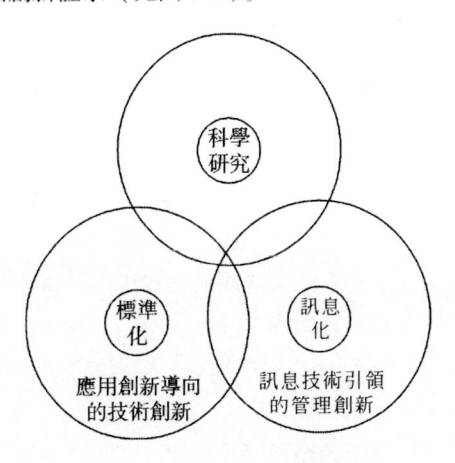

圖 7-1　科技創新體系構建

(一) 思想創新

俗話說「思路決定出路」,可見創新的思想對企業發展影響甚深。企業沒有創新的思想,就不會有創新的管理。所以,作為企業的領導者,必須具有前瞻性和勇於打破傳統的果斷性。主題酒店就是思想創新的結晶。當世界酒店業發展如火如荼的時候,一些具有前瞻性的改革家能夠居安思危,打破酒店就是提供住宿的傳統經營理念,利

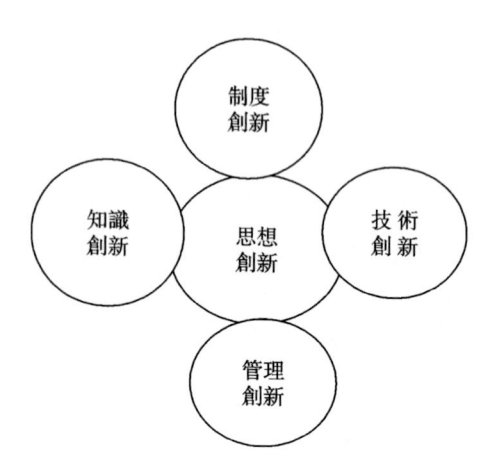

圖 7-2　以思想創新為中心的企業創新體系

用文化來做文章，找到了突破口，於是才有了今日的主題酒店。

美國著名學者邁克爾·波特在他的《競爭優勢》一書中提到，競爭優勢歸根到底產生於一個企業能夠為其客戶創造的價值，這一價值超過了該企業創造它的成本。在信息時代的今天，「智慧資本」則成了獲得和維持企業競爭優勢的全新角色。「智慧資本」主要是由人力資本和結構性資本兩個部分組成的。人力資本是指那些具備一定技能的員工隊伍，而結構性資本則主要是由企業的領導能力、公司的管理和文化價值體系、社會和消費者的認可程度等構成的。這種「智慧資本」結合了人才與技術，對企業的資金、技術、機會進行開發創新性質的運用。主題酒店更應該充分地利用「智慧資本」，深度挖掘主題文化的精髓，將其充分滲透到主題酒店每一個細節上，從內部自主地進行提前創新，讓創新思維帶動酒店創新，而不是單靠消費者需求拉動創新。

（二）知識創新

如果說思想創新是一個大腦虛擬層面的初步構想的話，那麼知識創新就是讓思想創新具體化的催化劑。知識體系的成員涵蓋廣泛，既包括無形的經驗知識，也包括一些諸如科技知識、管理知識等具體化的知識。縱觀歷史的前進過程，我們不難發現，其實人類一直都沒有停止過對知識的創新活動。可以說，沒有對知識的否定—肯定—再否定—再肯定這樣一個不斷的循環過程，就沒有我們人類發達的今天。那麼具體什麼是知識創新呢？

雖然目前說法不一，但是可以肯定的是：首先，知識創新既是對過去原有的判斷和結論提出新的認識，也是提出一些新的判斷和總結；其次，知識創新是科學研究和實踐活動共同作用的結果；第三，專家是知識的載體，知識創新離不開人的作用。其實，知識創新可以簡單地概括為對原有知識的在改造和對新知識的再累積的動態過程。

(三) 技術創新

學術界對技術創新概念的理解有一個演進的過程，先後出現了幾十種不同的概念。比較重要的有索洛在《在資本化過程中的創新：對熊彼特理論的評論》中首次提出的，實現技術創新的兩個條件即新思想的來源和隨後階段的實現發展，後被稱為「兩步論」。「兩步論」被認為是技術創新概念界定研究上的一個里程碑。曼斯菲爾德認為，技術創新是「第一次引進一個新產品或新過程所包括的技術、設計、生產、財務、管理和市場諸步驟」。清華大學教授傅家驥提出技術創新在最廣泛意義上的理解是：「技術創新是企業家抓住市場的潛在盈利機會，以獲取商業利益為目標，重新組織生產條件和要素，建立起效能更強、效率更高和費用更低的生產經營系統，從而推出新的產品、新的生產（工藝）方法，開闢新的市場，獲得新的原材料或半成品供給來源或建立企業新的組織，它是包括科技、組織、商業和金融等一系列活動的綜合過程。」

由此可見，學術界對技術創新沒有形成統一的認識。總結學者們的觀點，技術創新可歸納為：以技術為中心而展開的新產品的開發、新工藝的應用、新技術的推廣與擴散等各種商業活動，本質上是一個科技、經濟一體化的過程，是技術進步與應用創新共同作用催生的產物。

(四) 制度創新

在熊彼特的創新理論體系中，並沒有對制度創新進行深入的探討，美國經濟學家蘭斯·戴維斯和道格拉斯·諾斯繼承了熊彼特的創新理論，研究了制度創新的原因和過程，研究了制度變革與企業經濟效益之間的關係，可以說是對熊彼特理論的進一步延伸。戴維斯和諾斯指出，制度創新是指創新者為獲得追加利益而對現存制度做出的變革。只有在預期收益超過預期成本時，制度創新才能實現。他們認為，促進制度創新的因素有三種，即市場規模的變化，生產技術的發展，以及因前兩個因素引起的一定社會集團或個人對自己收入的預期變化。但是它們忽略了制度安排是決定市場規模和技術進步的重要因素。

對於企業制度創新的含義並沒有一個明確的界定，結合國內外相關文獻，筆者將制度創新定義為：企業通過對內部組織結構的不斷調整，引入新的規章制度，不斷完善原有的企業制度，從而使企業所有者、經營者和勞動者各方面的權利、利益得到充分體現，使企業內部各種要素合理配置，以適應企業自身和市場的變化。

(五) 管理創新

管理就是責任人對企業正常運行，甚至超常運行的一個維護過程。如果管理的環節出現了瑕疵，那麼再好的思想創意，再好的科學技術，再好的制度體系，都只能變成管理失敗的犧牲品。可見，管理在企業的生存和發展中起到了至關重要的作用，與此同時也引起不少學者對管理創新的深入研究。

美國管理學家家彼得·德魯克認為，創新有兩種：一種是技術創新，它在自然界

中為某種自然物找到新的應用，並賦予新的經濟價值；一種是社會創新，它在經濟與社會中創造一種新的管理機構、管理方式或管理手段，從而在資源配置的改進中取得更大的經濟價值與社會價值。

米切爾・漢默和詹姆斯・錢皮提出管理創新的核心概念是再造，即對公司的流程、組織結構和文化進行徹底的、急遽的重塑，從而實現績效的飛躍。

常修澤認為，管理創新是指一種更有效而沒被企業採用的管理方式和方法的引入。管理創新是組織創新在企業經營層次上的輻射。顯然常修澤的管理創新是屬於組織創新的一部分。

雖然學者們對管理創新的認識不一樣，但總結這些概念後不難得出，管理創新就是在市場環境的變化下，管理者通過對企業的全面分析診斷，抓住企業自身的優勢，淘汰以前不適用的陳舊的管理方式，重新制定經營戰略，爭取以最低的成本換取最高的營運效率，更有效的達成企業目標。

第二節　主題酒店創新途徑

企業的創新不是簡單的更改一下包裝，精簡一下流程，而是要看企業的創新是否能夠帶來盈利機會。主題酒店的創新亦是如此。

一、技術創新

對於技術創新的動力，一些學者也進行了研究。英國經濟學家F. Freeman系統分析了由技術內在推動的技術創新。D.馬奎斯所做的調查研究表明，社會需求引致的技術創新數量比由技術推動的技術創新大得多。由此，我們可以將技術創新的動力因素用圖7-3表示出來（其中箭頭的大小代表影響力的大小）。

其實技術創新作為技術革新活動，包括三個基本的方面，即產品創新、過程創新和技術擴散。因為創新是一個價值實現的漫長過程，技術進步要對經濟發展產生作用，必須採取產品的形式。所以，對於主題酒店的技術創新，我們主要針對產品創新進行剖析。

產品創新通常是指，在技術變化基礎上的產品商業化，既可以是全新技術的全新商品商業化，也可以是現有技術發現後的現有產品改進。根據主題酒店的特點，結合產品創新的概念，將主題酒店的產品創新總結如下：主題酒店的產品創新是指，主題酒店通過不斷引入新技術，將主題文化、社會文化、酒店內部文化等綜合文化逐步滲透到主題酒店軟件和硬件產品中，並隨著技術的變化不斷進行相應的動態商業化包裝，

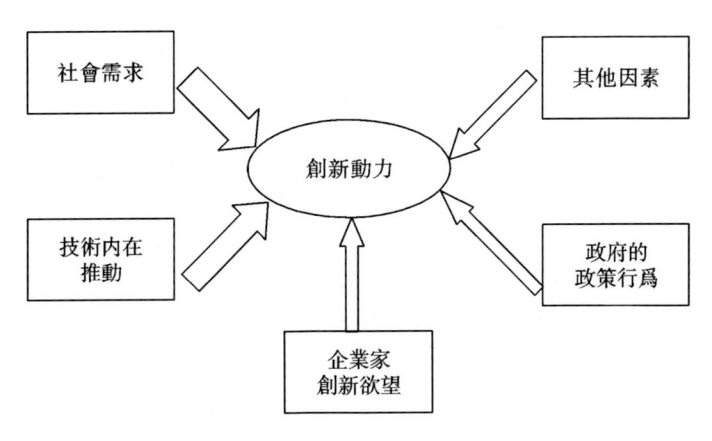

圖 7-3　技術創新的動力因素

最終將即時的創新產品提供給消費者。

二、機制創新

　　機制創新，即企業為優化各組成部分之間、各生產經營要素之間的組合，提高效率，增強整個企業的競爭能力而在各種營運機制方面進行的創新活動。企業機制包括利益機制、激勵機制、競爭機制、經營機制、發展機制、約束機制等，機制創新應包括以上各個方面機制的創新。

　　企業機制不同於企業制度，企業制度是外生的規範，企業機制則是內生的機能；企業制度是企業被動執行的，企業機制則是自動運作的。兩者又有密切關係，制定企業制度的目的就是形成企業機制，企業機制則是企業制度的內化。企業的組建、運行有其客觀規律，只有科學的、符合企業運作發展規律的企業制度才能內化為合理的企業營運機制。因此，企業機制創新雖不同於企業制度創新，但與企業制度創新又分不開。

　　主題酒店單從表面上看是一種新的企業形式，但是它仍不能擺脫企業通病，如企業對人、財、物的分配上，還沒有形成合理的資源配置制度，造成了資源有效利用率低、資源閒置、資源過度開發利用等不良現象，直接影響了企業的正常運轉。所以，主題酒店在機制創新這個板塊中，應該重點把握資源配置的創新。眾所周知，人力資源是社會各項資源中最重要的資源，所以人力資源配置是資源配置中的重中之重。目前，中國酒店業存在著一個比較普遍的問題，就是員工流動率居高不下，主題酒店也不例外。人才的流失在物質和精神上都對企業造成了一定的傷害，究竟該怎樣留住核心人才呢？除了建立健全的、完善的人事制度外，可以從以下幾點來考慮：

163

第一，建立主題酒店人才儲備數據庫。主題酒店是以文化為靈魂的酒店，所需的人才除了具備一般酒店的實踐經驗以外，更要有一定的文化水準和創新意識。所以，主題酒店要根據自身的發展戰略，確定未來所需要的人才質量和數量，並且要以適用性為原則制定合理的學歷比例和專業結構比例。

第二，建議實行定期輪崗制。這種輪崗不僅局限於平級之間的崗位輪換，還可以跨級輪崗，這樣可以在累積一線員工的工作經驗的同時，又可以學習管理技能，省時省力，一線員工可以看到自我價值提升的希望，而管理人員也有一種危機意識，不會高枕無憂。當然這還要結合定期的知識、技能培訓來進行。

第三，主題酒店一定要有專業的心理諮詢師。酒店從業人員壓力大也是導致人員不穩定的原因之一。幫助酒店從業人員舒緩心中的壓力也是主題酒店應該考慮的事情。

第四，建立「員工管家」崗位。員工管家可以讓員工輪流擔任，也可以外聘，主要負責員工的生活起居。員工休息好了，才能用飽滿的熱情去迎接新一天的工作。

第五，主題酒店可以配備主題文化培訓師。既然是主題酒店，那麼員工對主題文化的理解就必須深刻，最好做到人人都是主題文化講解員。所以，定期的主題文化培訓是必不可少的。

此外，諸如主題文化品牌、主題特色服務等這樣的「軟資源」更應該放在主題酒店資源配置的首位。因為這樣的「軟資源」一般是可增長性的資源，資源使用的過程也是資源再生產的過程。主題酒店可以充分利用這些軟資源，將社會相關組織的資源進行組合，形成服務於酒店自身發展的新業務組合，以此產生規模效應，並使得參與者獲得單一組織難以獲取的利益。

除了人力資源，文化資源也是主題酒店一個重要的資源。在文化資源的配置上，主題酒店可以有兩種走向：其一是往大方向上走，就是採取文化資源聯盟策略；其二是往小方向走，就是在酒店內部打造以主題文化為主，多元文化為輔的策略。這兩種策略可任選其一，也可同時運用。

文化資源聯盟策略就是主題酒店要因地制宜，將一切與其文化相關的資源整合在一起，形成一條文化鏈，從而也擴展了主題酒店的參觀、體驗功能，讓那些就算沒住過主題酒店的客人，一樣可以通過參觀、體驗等活動來感受主題酒店的魅力。例如，京川賓館就與旅行社聯手，打造了一條三國旅遊專線，客人可以通過京川賓館更好地瞭解三國文化，同時也通過三國旅遊線路，更好地認識了京川賓館，這種雙向的文化互動，可謂是低成本高收益的典範，值得其他主題酒店借鑑。

主題文化為主，多元文化為輔的策略其實就是建議主題酒店不要只局限於主題文化這一個小圈子，還可以滲透許多多元文化的成分。從前面的調查問卷我們就可以看出，現在的消費者更喜歡多元化、多功能的主題酒店，所以，主題文化不代表就是一種文化。例如位於新加坡的一家城市新主題房間酒店 New Majestic，有 30 間知名藝術

家和設計師設計的獨特房間，展示了混合經典和新的家具，每個房間持有不同的主題，其中的壁畫，通過橫跨整個房間牆壁，成了「懸掛臥室」，這種多元化、多功能的主題酒店正是當前及今後酒店發展的方向。

三、市場創新

從經濟學的角度來看，市場主要是由有需求的人、購買慾望和支付能力三個基本要素組成的。因此，市場創新也應該圍繞這三個基本要素而展開。但是，在這三個基本要素當中，有需求的人占據了最大的比例，因為購買慾望和支付能力都是附屬於前者的。所以，主題酒店在進行市場創新的過程中，首先要做的就是需求創新，即利用主題酒店自身的優勢、特點激發和培養顧客的需求，並製作出適銷對路的產品。可以這麼說，需求創新是企業通過某種方式，預測和識別客戶新的或者正在更新的需求，同時以某種方式培養出客戶未發覺的需求，以此來提出解決方案，滿足這些需求的過程。

我們不難看出，需求創新的內容可以歸納為：發現客戶現有需求並開發出新產品；企業用自己的方式將處於萌芽狀態的客戶需求清楚地表達出來，並推出相應的產品或服務；企業通過市場規律和分析數據預測出客戶將會出現的需求，提早研發新產品。

主題酒店可以從這幾個方面著手，進行顧客的需求創新。但是，值得注意的是主題酒店的管理者必須要先清楚的瞭解需求信息，才能更好、更準確地進行需求創新。那麼，這些需求信息該怎樣獲取呢？在前面曾提到過主題酒店要建立一個專門搜集和整理市場需求的部門，這個部門就可以最直接的將第一手的資料、信息傳達給酒店管理者。同時，競爭對手的客戶需求，以及與主題酒店相關的各行業的客戶需求都可以作為酒店管理者進行需求創新的參考資料。

其實，對於主題酒店而言，已經不能再停留在消費者告訴你他們需要什麼的階段了，而是要大膽地告訴消費者你們還可以選擇什麼。人們固守的觀念就是無論什麼樣的酒店，首先是用來住的，當然這是事實。但是，主題酒店可以大膽的告訴公眾：「我們不再只是用來住宿的酒店，你還可以進來自由地體驗一切，但不一定要留下。」事實上，主題酒店已經超越了住宿的功能，它已經成為一道文化的饕餮盛宴，以其無限的創意，令人駐足，令人流連。

「不創新，就滅亡」，這是美國福特公司總裁亨利·福特的一句名言。在國際連鎖酒店不斷進入，國內酒店業突飛猛進發展的形勢下，主題酒店要想在激烈的市場競爭中站穩腳跟，就必須重新審視酒店業的管理戰略和規劃，針對酒店所處的發展階段，不斷尋求創新，在總體上延長主題酒店的生命週期，更好地滿足市場需求，贏得顧客忠誠，從而在競爭中獲勝。

第三節 主題酒店創新發展模式

黨的十八大以來，酒店業遇到了前所未有的挑戰。顧客需求的改變，帶來了酒店市場競爭的加劇。傳統的客房+餐飲的酒店贏利模式不再適應形勢的發展，酒店業的利潤從何而來？主題酒店能告訴我們答案嗎？

大浪淘沙，新一輪的酒店 PK 賽已經拉開帷幕，主題酒店創新發展模式的研究或許會為困境中的酒店業帶來一些啟示。

一、主題酒店創建模式

1. 主題酒店創建現狀

由於主題酒店在中國發展時間短，其創建也正在摸索之中，而對主題的創建模式也沒有系統以及細緻的研究。通過近十年來對主題酒店的研究，我們從時間維度將主題酒店分為三類：

（1）自然形成的主題酒店

自然形成的主題酒店主要在 2000 年以前。主題酒店的概念產生於 2005 年魏小安《主題酒店：時代的呼喚，市場的需要》，而在此前其實部分酒店已經有了主題文化意識，當時稱之為特色酒店。其中最具代表性的就是成都的西藏飯店。西藏飯店建於 1988 年，以西藏文化為酒店的主題，深深抓住藏文化的內涵，在飯店的建設上運用藏文化元素，如飯店外觀、色彩、藏香、轉經筒、唐卡、掛毯等細節無一不體現藏文化。進入西藏飯店仿佛置身於西藏高原巍峨的高山之中，置身於神聖的布達拉宮之中，讓遊客感受到最純粹的藏文化。

（2）改建的主題酒店

改建的主題酒店大多產生於 2005 年以後。隨著酒店市場競爭越發激烈，以往很多的經濟型酒店都面臨著轉型或淘汰，而主題酒店市場的蓬勃發展為這些酒店指明了方向。改建的主題酒店發展較為成功的是成都的京川賓館。京川賓館與 1985 年在成都正式營業，但由於經營不善，到 2001 年時，京川賓館經營已經嚴重停滯，虧損十分嚴重。面對市場衝擊，京川賓館選擇了積極轉型，2004 年正式轉型成為以三國文化為主題的主題酒店。酒店不僅獲得了豐厚的收益，更提高了酒店知名度。

（3）新建的主題酒店

新建的主題酒店的產生伴隨著主題行業的發展。隱居集團正是在這種環境下發展起來的。四年的時間讓隱居從一個初創品牌，高速成長為一家休閒生活服務方式供應

商；從單一的酒店式物理平臺，發展成為一個日益成熟的以「隱士」文化為主題的主題體系。在主題酒店市場高速發展的今天，新興的主題酒店會發展得更加迅速。

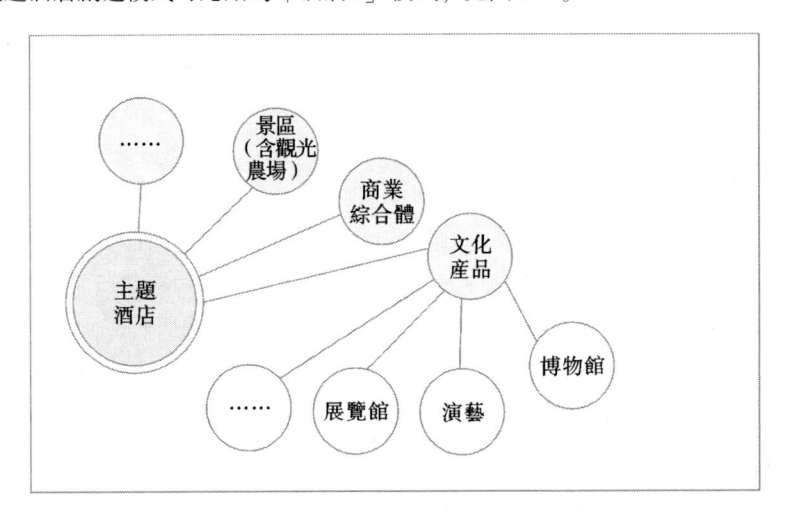

2. 主題酒店創建模式

主題酒店創建模式可總結為「酒店+」模式，見圖 7-4。

圖 7-4　主題酒店創建模式

（1）酒店與景區結合模式

酒店與景區結合模式的主題酒店大多位於景區內或景區周邊，通常選擇與景區相關的本土文化作為酒店主題。利用景區周邊的自然環境和景區自身的特點，使酒店與景區相映成趣，從而營造出酒店獨特的風格，樹立起鮮明的市場形象。當酒店融入景區，酒店也成為景區的一道風景，景區的知名度也會推動酒店的品牌傳播，讓遊客快速產生認同感。同時，酒店彌補了景區住宿、餐飲、購物等設施設備的不足，兩者間形成天然的互補。酒店與景區結合的另一種表現形式則是由於酒店自身的獨特氣質，本身就是一個旅遊吸引物。這種模式是主題酒店未來發展的主要途徑之一。

迪士尼樂園酒店和迪士尼好萊塢酒店就是為配合迪士尼樂園而建成，是景區與酒店結合的典範。迪士尼樂園是迪士尼集團推出的主題樂園，迪士尼樂園把娛樂和教育完美地結合在了一起，目前迪士尼樂園在全球有6家樂園，每家樂園每年平均要吸引超過 2,000 萬的遊客，這是一個很大的酒店市場。迪士尼樂園酒店和迪士尼好萊塢酒店則因此建成，兩家主題自身也是以迪士尼的文化作為酒店的主題文化，酒店本身也成了迪士尼樂園的一個景點，遊客在進入酒店時仿佛仍在遊覽迪士尼樂園，與此同時，酒店又滿足了遊客的住宿、餐飲、休憩等需求，酒店與景區形成了有機的互補，兩者完美融合在了一起。

(2) 酒店與文化產品結合模式

主題酒店不應把主題與文化割裂開來，所以「酒店+文化產品」的模式值得嘗試。目前市場上的一些歷史文化酒店只具其形，不具其神。把酒店與博物館、科技館、歷史文化展覽區相結合，可以使酒店更加具有文化底蘊和吸引力。目前國內很多的博物館、科技館仍停留在單純的遊覽階段，遊客參觀完以後便離去，遊客對博物館、科技館的認知並沒有較大的提高。不僅如此，由於科技館、博物館大多僅依靠門票收費，贏利渠道單一，目前大多處於虧損狀態。資金的不足又極大地限制了其發展，最終形成惡性循環。而當主題酒店與這些「文化產品」相結合時，酒店自身的文化品質得到提高，這些「文化產品」使酒店具有更強的生命力和吸引力。與此同時，遊客對博物館、科技館中抽象的文化內涵可以通過主題酒店具象的文化服務得到更加清楚的瞭解。

2010年，電影《阿凡達》全球熱映，張家界為配合其風靡世界的浪潮，推出了青和錦江阿凡達主題酒店，該酒店是以阿凡達藝術元素為主題的酒店。二者結合，不僅快速提高了酒店知名度，也把國內文化與國外文化進行了完美的結合，使酒店自身得到了快速發展，為中國主題酒店的創建模式提供了新的方向。目前，有的主題酒店更是借助「高科技」的手段如3D影像技術等，使酒店產品更加新奇夢幻，顧客在酒店中感受高科技魅力，豐富了體驗，顧客滿意度大大提高。

(3) 酒店與商業綜合體結合模式

「商業綜合體」，指對城市中的文娛、辦公、餐飲、展覽、旅店、會議、居住等城市生活空間的三項以上功能進行組合，這些城市生活空間組合在一起相互促進、相互融合，形成一個具有豐富功能的高效的商業綜合體。酒店與商業綜合體的結合併不是簡單地把酒店放置於一個大型的商業綜合體之中，因為不同的業態會出現相融和排斥的問題，如果不相融也不排斥那就是共生。所以酒店與商業綜合體的結合應該是有機的，相互依存的。「商業綜合體」中密集的人流量為主題酒店提供了廣闊的市場，而酒店又對「商業綜合體」進行了反補，完善了商業綜合體的功能。

江蘇省高郵市的波司登世貿國際廣場就是酒店與商業綜合體結合的代表之一，其四周集聚了波司登辦公大樓、世貿家居生活廣場、華潤蘇果超級購物中心、五星級國際大酒店及世貿國際購物中心五大商業載體，這是一個城市商圈，也是高郵的城市地標。

3. 主題酒店贏利模式

(1) 主題酒店贏利模式現狀

目前大多數酒店由於受到其提供的產品和服務的限制，贏利模式較為單一，主要為酒店基礎產品贏利模式。基礎產品贏利模式是指酒店通過銷售其住宿、餐飲、會議、娛樂等主打產品所獲得的營業收入。而在之中，餐飲和住宿屬主營業務，占最大的比例，這種贏利模式體現了酒店還沒有走出傳統的經營模式，而隨著消費者體驗意識的

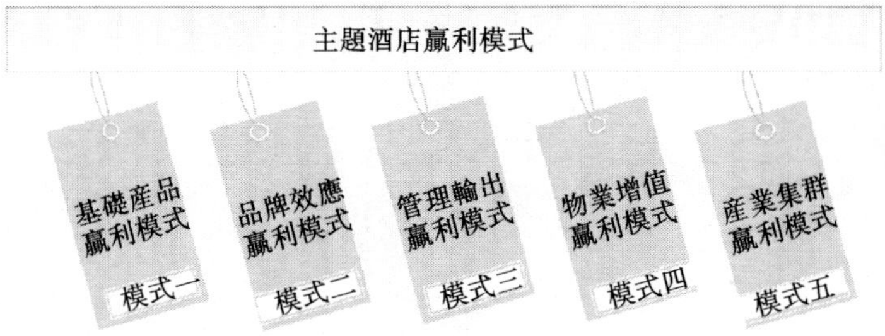

圖 7-5　主題酒店贏利模式

不斷提高和需求的改變，酒店經營業務也必將迎來變化。不僅如此，單一的贏利模式在遭遇市場風險時，其抵抗性相對也較弱，易打擊投資者的熱情，極不利於酒店的發展。

創建主題酒店是解決酒店贏利模式單一的重要途徑。主題酒店必須在激烈的酒店市場的競爭條件下，更加注重以其主打產品功能作為發展的前提，實施更加專業化的服務以及精細化的產品，並通過瞭解顧客的需求來提供更加人性化的解決方案，從而實現主題酒店產品的高品質和遊客的高滿意度，最終實現贏利。

（2）主題酒店贏利模式創新

隨著主題酒店的不斷發展，其贏利模式也將不斷創新。以下是未來主題酒店的主要贏利模式，在選擇主題酒店贏利模式時，應該考慮到主題酒店文化的附加值，從實際發展情況，因地制宜，找到適合自己發展的贏利模式。

第一，品牌效應贏利模式。

目前競爭激烈的主題市場環境中，知名的主題酒店具有較高的品牌辨識度，這種知名度可以為酒店帶來各種衍生性收益。當主題酒店試圖以其品牌進入經濟型市場時，酒店的品牌往往會產生十分積極的效應，在推廣的過程中，酒店建立品牌形象的成本、行銷的成本以及推廣的成本，將遠遠低於普通酒店，並易獲得市場的認可。主題酒店前期投入相對較大，酒店日常營運中所需要的易耗品數量也十分龐大。在知名主題酒店強大的品牌效應影響下，酒店的採購、營運的成本都將下降，從而降低了其前期的投入。成本的降低和知名度的快速擴展是品牌效應贏利模式的優勢所在，而隨著新成立的主題酒店的不斷發展，其對品牌又形成了積極的反哺。

品牌效應贏利模式現在已體現在酒店擴張的很多方面。國際知名酒店集團，如雅高、洲際、天天酒店等憑藉其強大的品牌優勢，通過品牌效應贏利模式很快地進入了中國經濟型飯店的市場，並且獲得了市場的廣泛認可。江蘇的書香門第主題酒店目前在蘇州已經有 4 家連鎖經營的酒店，其品牌效益也開始發揮出來，而 4 家連鎖經營的

主題酒店又對書香門第這一品牌產生了反哺作用，擴大了其知名度。

第二，管理輸出贏利模式。

隨著主題酒店的不斷發展，其管理水準不斷提高，經營理念也越發成熟，主題酒店通過連鎖和加盟的方式正在向集團化發展，將酒店的營運管理理念和管理方法進行擴張，實現管理輸出。管理輸出具有明顯的市場示範性及運行的效率性。在管理合同的推廣過程中，知名的主題酒店管理公司與委託方酒店簽訂委託管理合同，並派出以總經理為首的經營管理團隊對委託的酒店進行管理。由於其對酒店的經營結果負責，管理方的管理費用也將按照經營業績定期從業主方獲得。這樣，優秀的主題酒店便可以通過委託管理其他的酒店，在獲得優厚的管理收入的同時，進一步提升自身的形象和品牌。

深圳威尼斯酒店作為中國知名的主題酒店，已計劃在北京、上海等地進行輸出管理。成都西藏飯店作為國家第一批主題酒店和全國文化主題飯店首批標杆企業，已成功管理了珠海西藏大廈。珠海西藏大廈作為西藏自治區政府在沿海的對外窗口，在四星級酒店的基礎上融入獨特的藏文化元素，是時尚風格與古樸神祕藏式風情的完美結合。目前酒店集團正在醞釀在西藏、北京的酒店建設與管理輸出。

這種輸出管理的模式通過與被管理酒店方簽訂合同，並派出經營管理團隊對酒店進行管理，不但獲得了收入，還輸出了酒店主題文化，提升了酒店的形象和品牌，管理輸出贏利模式越來越得到市場的認可。

第三，物業增值贏利模式。

物業增值贏利模式是伴隨著房地產發展而快速發展的一種贏利模式，主題酒店本身也是一種物業類型，投資者往往追求主題酒店長期的保值增值。酒店投資商在進行酒店投資的時候考慮的並不僅僅是主題酒店長期穩步的經營收益和目前的價值，而更多的是考慮酒店未來的升值空間。交通、地段、商業氛圍、人流聚集狀況等往往決定了酒店物業升值空間的大小。酒店的物業價值往往會隨著這些影響因素的變化而變化。因此，酒店物業增值贏利模式並不是毫無風險的贏利模式，地產的不斷變化意味著其贏利的不確定性。由於目前中國地產市場的火熱，酒店地產受到投資商的熱寵，很多酒店選址在商務繁華地段，考慮的就是酒店物業未來的升值。

目前萬科、華潤、保利等知名地產商也開始跨入酒店地產，這無疑促進了酒店物業增值贏利模式的發展。申基集團也同喜達屋、雅高等全球頂級酒店品牌進行戰略合作，在提高自身酒店品質的同時，以酒店的方式來開發房地產，從而使得酒店物業獲得最大的增值。酒店物業增值贏利模式在中國目前的發展環境中具有廣闊的發展空間。

第四，產業集群贏利模式。

當主題酒店發展達到一定階段時，便可以通過和其所在地的其他相應機構及相互之間具有密切聯繫的企業進行集群贏利，從而組成有機整體，旅遊產業集群效應也使

酒店的經濟效應成倍增長。產業集群贏利模式又分為產業集群和相關機構集群。產業集群指的是主題酒店通過向上游產業鏈的延伸，可以發展酒店的自主產品以及易耗品製造業等。向下游產業鏈延伸，可以發展酒店的旅遊業、餐飲業、娛樂廣告業等。機構集群則是指與酒店相關的金融機構、產品供應商、互聯網合作商、旅行社、仲介機構等進行強強聯合，不僅可以形成旅遊產業集群，還可以擴大自身規模，形成酒店戰略聯盟。

產業集群贏利模式是未來主題酒店的主要贏利模式，也是未來酒店贏利模式的發展方向。深圳威尼斯酒店與其華僑城集團下的主題旅遊地產以及主題公園形成主題文化產業集群，這種集群式的發展不僅可以獲得鮮明的市場形象和經濟效應，同時還使集群內酒店的品牌知名度得到提升。拉斯維加斯作為世界主題酒店之都，擁有眾多知名主題酒店，每年吸引大量來自世界各地的遊客前往參觀體驗，已經成為美國標誌性的景區之一，是主題酒店產業集群贏利模式的代表。希爾頓、雅高和福特飯店集團的聯合採購聯盟，在採購過程中極大地降低了成本，體現了戰略聯盟的優勢。

三、主題酒店發展模式總結

主題酒店的發展模式總結為由創建模式和贏利模式共同構成。創建模式為主題酒店選址、定位、文化創意和商業模式提供有價值的參考；贏利模式則為主題酒店投資與經營管理提供了更廣闊的思路。主題酒店只有將兩者有機結合，才能具有良好的持續增長的潛力和發展空間，見圖7-6。

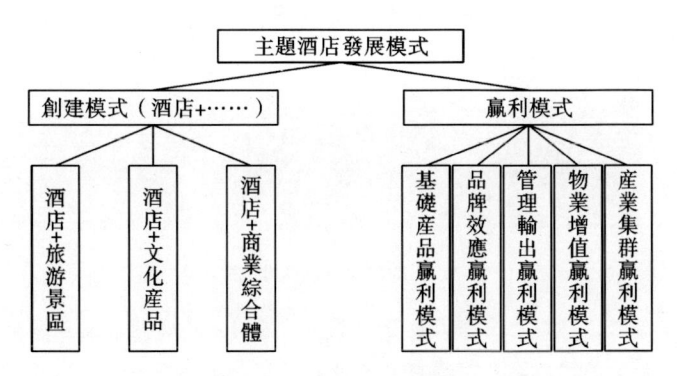

圖7-6　主題酒店創建模式

近年來，中國主題酒店市場發展如火如荼，出現了四川、浙江、山東三足鼎立的局面，尤以杭州、成都為代表的主題酒店城市群最為耀眼。在政府的支持與民間力量的推動下，四川省成都市正在打造「中國主題酒店之都」。據不完全統計，中國的主題酒店數量已由2010年的400多家發展到現在的2,000多家，增速明顯。主題酒店行業

的投資規模已經達到上百億元，並且每年還保持在年均15%左右的增速。不難預測，作為文化旅遊產品，主題酒店為酒店業帶來了無限可能的利潤發展空間，其未來的繁榮是必然的。

案例1　技術締造的神話——太陽谷微排國際酒店

德州太陽谷微排國際酒店地處自古享有「九達天衢」「京津門戶」美譽的山東德州，是世界上唯一一家五星級太陽能「微排」大型商務會議酒店。酒店位於目前中國最大的太陽能產業聚集區、全球最大的太陽能應用示範推廣樣板基地、國家AAAA級景區——中國太陽谷。酒店於2009年12月25日盛大開業，是全球首家「雙五星」公園式太陽能主題酒店。酒店內設中餐廳、西餐廳、風味廳、大堂酒廊、茶室等；同時設有總統套房及行政套房樓層、室內外泳池、健身房、太極會館（會館內設SPA、酒吧、KTV、健身俱樂部、高級套房等）；酒店還建有各種大小會議室，完善的會議設施以及同聲翻譯系統，可為國際國內各種會議提供最方便完美的服務。酒店應用全球領先的太陽能集熱系統，節能環保，滿足全天候熱水及採暖制冷需求；BIPV，集發電、美化、節能等功能於一體；外牆保溫技術，溫屏節能玻璃既隔音又保溫隔熱；樓頂及輪廓的太陽能板，使晚上的酒店熠熠生輝。

圖7-7　德州太陽谷微排國際酒店外觀

酒店具備三個特點：安全、健康、環保。酒店所用建材以及酒店用品均為環保材料，所生產的食品均以綠色有機產品為原料。酒店不使用燃煤，所用熱水均由太陽能裝置提供，客房實行計算機智能化控制，做到既人性化又節約能源。酒店使用無磷和有機複合標準的洗浴、洗滌用品，排水均由中水處理裝置進行處理後二次利用。酒店廚房設備為運水排煙系統，有效減少廚房大氣污染物以及噪音的排放。酒店設有綠色客房：在門口標示「綠色客房」的字樣，標準是客房內不設吸菸器具，有陽光房和完備的能耗記錄卡，有各種環保警示及提示牌；綠色客房所在樓層為無菸樓層，每個房

間內有環保宣傳資料和報刊書籍等；對客人的單位能耗進行跟蹤記錄，給予禮品獎勵，讓環保理念深入每一位客人及員工的心裡。酒店定期對員工進行各種形式的環保培訓，舉行以環保為主題的講座，全員參與並引導和鼓勵來店客人參與以節能、降耗為主題的綠色活動。酒店以可持續發展為理念，將綠色環保、節能減排融入酒店經營管理中，堅持科學管理和清潔生產，倡導綠色消費、保護生態環境及合理的使用資源，為顧客提供符合環保、有利於人體健康要求的綠色客房和餐飲，在生產過程中控制排放和對資源的合理運用，真正做到「微排型」酒店。

從這個案例中我們不難看出，這不僅是一家技術創新型的主題酒店，同時還是一個社會責任感很強的主題酒店。也許「太陽能主題酒店」的標牌並不能準確地表達出這家酒店的文化內涵，然而相信每一個走進這家酒店的顧客和每一個在這家酒店工作過的員工，甚至僅僅是那些只是從這家酒店門口無意經過的路人，都會深深地體會到它由內而外散發出來的綠色文化，並被其深深感化。

「安全、健康、環保」每一個口號都是為人、為社會而考慮，正所謂我為人人，才能人人為我。這樣貼心的主題酒店，客人能不喜歡嗎？現在各種影響人們身體健康和安全的事件層出不窮，更需要越來越多這樣有社會責任感的企業挺身而出。希望主題酒店在追求贏利的同時，更要注重社會責任。

案例2 「酒店+」模式的創新運用

隨著中國經濟的發展騰飛，人民群眾的生活水準不斷提高，物質、精神生活需求也日趨多元化、個性化。事實上，如今的酒店已不僅僅是只為旅客提供住宿的地方，它的功能越來越豐富，主題越來越多元化。「酒店+」經營模式也不再僅僅是「酒店+景點」「酒店+社區」「酒店+互聯網」等模式的概念，而是已經被賦予了新的內涵。

酒店要想從持續繁榮的休閒旅遊市場中分得一杯羹，必須轉變觀念，根據目標人群的旅遊需求把酒店「產品化」，激發遊客的潛在需求，獲取增量客源。

2014年，全國首家貓屎咖啡酒店落戶美麗的太湖之濱，有著「魚米之鄉」美譽的無錫。酒店由國際著名設計公司設計，秉承原生態、低碳、綠色為環境設計準則，酒店床墊全部使用印尼進口天然乳膠墊及頭枕，環保的同時還給予客戶良好的睡眠體驗。酒店擁有客房103間，會議室可容納130人，棋牌室、桌球室、KTV等一應俱全，同時擁有國內單體面積最大的咖啡旗艦店。

咖啡與酒店的完美結合，貓屎咖啡酒店並不是第一家，早在2013年鉑濤酒店集團旗下品牌喆·啡酒店的總裁李應聰、副總裁許冠雄及馬建命就首次提出針對商務人士打造以咖啡為主題的精品酒店，創立首家以咖啡館文化與酒店完美結合的中高端精品酒店品牌，獨創Cafe+Hotel的Coffetel（啡酒店）理念與全新酒店品類，打破傳統酒店的經營模式，將咖啡館文化與酒店融合為一。2014年初喆·啡酒店（James Joyce Coffe-

圖 7-8　貓屎咖啡酒店大門

tel）於廣州開業，酒店當時預計到 2017 年開設 100 家連鎖，主要覆蓋廣州、深圳、重慶、北京、上海、天津、成都、武漢等城市，為更多商旅人士體驗旅途中的「啡」凡存在，引領中國中端酒店品牌邁向新的里程碑。

1.「酒店+咖啡」的融合方式

將咖啡文化與酒店融合在一起，其實有很多種方式，以下總結為三個方面：

（1）酒店建築裝修的融合：從產品設計、定位中融合。酒店的裝修風格體現了咖啡文化的特點、特色和咖啡的要素，包括酒店的大堂、走廊、房間的每一個細節等。

（2）咖啡的體驗：酒店大堂是一個非常好的體驗場所，全日大堂吧可以體驗到咖啡文化。這個區域與傳統大堂辦理入住、退房的區域相結合。這是一個非常好的經營場所，可以接待客戶、上網、商務溝通等。

（3）服務及用品的體現：咖啡文化有咖啡的特色，如濃鬱的香味、特別的顏色、包含咖啡內涵的建築物、實體與咖啡文化的結合等。咖啡文化也貫穿於酒店的整個服務當中，酒店用品方面採用咖啡元素，酒店也有咖啡產品讓客人選購。

2. 精準的目標客戶群定位

伴隨著經濟的發展和市場需求的細分，商旅人士對酒店的要求已不再是基本的休息功能，更多的是需要一個和諧的格調氛圍，一個展現自己的空間，一種新的生活模式——差旅生活。因此，喆·啡酒店針對的目標客戶群為 28~45 歲高學歷、正值上升

圖 7-9　喆·啡酒店的咖啡體驗

期的商務人士。他們既睿智沉穩，又具有藝術浪漫氣息，感性與理性並存，重視生活舒適度和歸屬感，並對未來充滿信心。在日常差旅中，他們忙於一個又一個的會議與事務，失去對生活的感悟和體驗，浮躁的情緒讓他們焦慮或壓抑，需要精神的釋放。

　　喆·啡酒店秉承著為商旅人士提供細膩的服務的宗旨，當賓客在前臺辦理入住或早餐時，立馬送上一杯咖啡，希望客人能從一杯咖啡開始新的一天，讓差旅從此成為一種樂趣，讓更多喜歡入住喆·啡酒店的賓客，從細節上找到耐人尋味的歸屬，醇享生活。

　　3. 產品是酒店的核心競爭力

　　酒店的核心競爭力決定著酒店的生存與發展，而這種競爭力的終極判定者是酒店的消費者，即客人。消費者對酒店產品具有終極的裁決權。隨著消費者市場的成熟，消費者消費選擇的理性化和多樣化，酒店的產品能否最大限度地滿足消費者的需要，就成了消費者選擇或不選擇該酒店的最後依據。

圖 7-10　喆·啡酒店大門

相比於傳統的商務酒店、經濟型酒店,「酒店+咖啡」模式的酒店更具有競爭力。比如喆·啡酒店隸屬於鉑濤酒店集團,其旗下各酒店品牌的會員系統全面打通。升級「鉑濤會」會員,積分永不過期。金卡以上會員專享:金卡會員期間 5 次預訂未到 (NO SHOW) 豁免,白金會員期間預訂未到 (NO SHOW) 全豁免;升級「鉑濤會」會員積分通兌鉑濤集團旗下所有品牌酒店(鉑濤菲諾酒店、喆·啡酒店、麗楓酒店、ZMAX 潮漫酒店、7 天酒店) 房間及禮品;其他還有房價折扣、積分加倍、隨手拍 2 小時內回應、最優惠價格保證、微信 24 小時在線服務等特權。

圖 7-11　喆·啡酒店大堂局部

4. 酒店產品線的延伸

喆·啡酒店還為自己的顧客群策劃了「啡凡學院」與「啡凡達人」活動。這是關於咖啡館文化、精品咖啡、旅行、生活方式的一個有趣的顧客教育與體驗項目。通過聯結顧客與品牌的「啡凡學院」平臺,通過「啡凡達人」的系列沙龍、試住體驗與主題旅遊活動,與消費者產生情感聯繫與相互認同,以社會化行銷的方式傳播「醇享生活」的價值主張,同時,客人可以購買喆·啡酒店精選的咖啡壺、家具、擺設、咖啡包等,把喜歡的東西帶回家。這些都讓消費者體驗與感受到喆·啡酒店是真正「旅途

中的啡凡存在」。

案例 3　酒店市場細分的創新——不可忽視的女性市場

隨著市場上的酒店類型和品牌的多元化，市場細分更趨明顯，一些集團開始轉型開闢發展空間更大的中高端市場。但是，國內酒店集團的中高端品牌將面臨的不僅是與國際品牌的競爭，同時承擔著新品牌培育的風險。因此，酒店市場細分的創新顯得尤為重要。

圖 7-12　女性酒店客房

一、女性客源呈上升趨勢

《2010 女性旅遊趨勢報告》數據顯示，2010 年女性在旅遊上的消費能力比前一年提升了近 20%，並且超過 65% 的旅遊產品決策以及旅行消費決策是由女性做出的。中國 4.8 億女性消費者中，21% 為單身女性。零點調查公司對北京、上海、廣州等城市的婚戀觀調查，更加證實了國內單身女性隊伍有進一步擴大的趨勢，上海等大都市女性認同獨身觀念的占 82.79%，在高學歷女性群體中，這個比例甚至高達 89.94%。英國酒店業的一項市場調查表明，如果忽視對女性客人的服務，就會失去 40% 的客源。

二、女性客房由來已久

自 1984 年伊恩・施拉德（Lan Schrager）在美國紐約麥迪遜大街開辦了摩根（Morgans）精品女性飯店以來，開設女性樓層具有代表性的有希爾頓酒店集團、卡爾森酒店集團、威漢酒店集團、皇冠假日等。希爾頓飯店開設的女性樓層，除了具有女性特點的服務設施，還在房間提供女性營養食譜，為顧客提供晨練地圖，為深夜在停車場停車的女性顧客安排護衛保護顧客安全。卡爾森酒店集團發現，女性樓層的房間比普通房間預訂快，於是在 1987 年花費 43.9 億美元新建了 17 個飯店，部分房間專門為女性顧客設計，並免費為女性提供化妝品。威漢酒店在各大網站上為女性提供豐富的商務旅遊信息並不斷更新，以吸引更多女性商務顧客，同時發行威漢酒店月刊，內容包括

威漢女性商務顧客評論、旅遊界人士的觀點和意見、旅遊小貼士等。美國溫德姆國際酒店集團為了吸引女性商務客人，專門實施了一項「旅途中的女士」計劃，邀請女性商務客人對集團所有酒店提供的設施和安全狀況提出意見。皇冠假日酒店集團第一個在華盛頓開設女性樓層後，所有的皇冠假日酒店都紛紛設立女性樓層。該酒店非常重視女性顧客對飯店品牌的忠誠度，不斷創新激發女性顧客的興趣，即使在商務顧客很少的時候，女性樓層也幾乎滿客。

圖 7-13　女性酒店裝飾布置

三、隱私安全最為看重

隱私與安全是女性選擇酒店最為看重的，如安全的門窺鏡、前臺接待的特別程序等。英國酒店管理集團在一項調查中發現：42%的女性在外出旅遊中為人身安全擔心，75%的女性聲稱選擇酒店的條件之一是酒店是否重視顧客安全。為此，有的女性飯店必要時採取秘密登記入住，樓層全部設女性服務員工和女性保安員等措施。

英國學者指出，女性對飯店服務比男性更有辨別能力也更挑剔，她們不願意支付更多的費用。然而，一旦女性感受到專屬性的設施服務和可靠的安全感時，她們就很樂意消費。一般而言，短期商務旅行的女性顧客傾向於小型的女性精品飯店，而長時間旅行的女性顧客則傾向於選擇大型連鎖飯店的女性樓層，因為有完善的設施服務可以享受。

美國的 Ellen P. Gabler 認為，女性飯店成功的因素很大程度上在於女性顧客是否對住過的飯店有較高的忠誠度。女性顧客如果對飯店服務感到滿意，會繼續選擇該飯店，保持較高的忠誠度。研究還提出集中一個場所為女性提供專門的服務會使女性感到更舒服。

四、中國女性酒店市場現狀

1. 廈門艾美酒店

艾美女士樓層的專屬服務，是在女性樓層配備專有女性服務員和女性安保人員，酒店還可根據客人要求，安排女陪購員和隨從照料。「廈門艾美女士樓層包括廈門艾美酒店不同房型的 32 間客房和套房。」廈門艾美酒店總經理湯大偉說，「除了提供低卡路里的健康食譜餐服務、瑜伽墊和內含面膜、棉質粉撲等親膚洗浴套裝，酒店還在此樓層專供柔軟舒適的羊毛襪、絲質衣架、各式浴鹽等。」

2. 杭州黃龍飯店

杭州黃龍飯店專門設計了女士樓層，其裝飾設計可圈可點：窗簾裝飾是來自前法國著名愛馬仕設計師 Jean Boggio 的作品；而坐墊、床頭板及畫則是由「法藍瓷」設計；套房內的走式衣櫥內配備有全身鏡、熨衣用品以及絲質睡衣。女士樓層更能給予女士安全感和歸屬感。

3. 杭州大廈精品酒店

位於杭州武林廣場的杭州大廈精品酒店，2011 年全新裝修並專設有女士樓層。女士樓層全層無菸，配有專屬的錦緞浴袍、柔軟的拖鞋、國際知名的時尚雜誌、低卡路里健康食品、優惠的美容美髮、頂級化妝品的優先體驗、可視的瑜伽課程，更關鍵的在於，入住客人將獲得 LVMH 集團重要美容品牌嬌蘭的護膚小套裝，裡面有最新推出的明星產品、消除疲勞的眼膜及試管香水等，都是旅行時用得著的。

4. 希岸（Xana Hotelle）

2014 年，定位於中高端市場的一家連鎖酒店——希岸，是國內首個針對女性市場開發的酒店品牌，隸屬於鉑濤集團。酒店力求通過女性視角打造酒店空間，滿足女性消費群體的特殊需求，達到女性對酒店體驗的高要求。

圖 7-14　希岸的 LOGO

希岸按照精準市場定位將其酒店產品分成三個梯度——Xana Deluxe（希岸・德納

斯）、Xana Hotelle（希岸酒店）、Xana Lite（希岸・輕雅），每個梯度的產品，都有其獨特的品牌詮釋。

（1）Xana Deluxe

Xana Deluxe 屬會員制名媛私屬式酒店，演繹希岸理念，為高端名媛用戶打造一個有尊屬感和儀式感的酒店空間。酒店裡採用原汁原味香奈兒公寓的優雅設計，引進傳統的一對一英式管家服務，會員制下，更保證讓顧客自由無拘束的私屬時光不受打擾，又或者與好友享受一次純正的英式下午茶，一次至臻的 SPA。

（2）Xana Hotelle

Xana Hotelle 屬時尚輕奢跨界精品酒店。希岸為追求精緻生活態度的商旅人士提供了一家充滿經典優雅與時尚摩登輕奢風的空間，並聯手眾多跨界品牌，通過一次 SPA、一次護理、一杯花茶、一個自我的空間，讓客人時刻保持精緻、優雅。希岸就是讓您享受擁有輕奢、時尚的生活。

（3）Xana Lite

Xana Lite 屬時尚輕奢設計感客房的輕中端酒店。希岸・輕雅，讓年輕的你也能享受時尚輕奢的生活。在「輕優雅」的理念下，希岸・輕雅將垂直切割希岸有價值感的體驗，更專注地打造時尚、優雅、輕奢格調客房，以及聯合大品牌打造的以客房為場景的希岸特色跨界體驗，用設計及住宿體驗讓在輕文化下的年輕人更享受自己的時光。

酒店市場細分的創新激發了女性主題酒店的開創，然而女性主題酒店的進一步發展還需要酒店管理者對女性市場的瞭解更加透澈，對女性心理有所研究。

每個梯度的產品，都有其獨特的品牌詮釋。

圖 7-15　希岸（Xana Hotelle）的客房

第八章
主題酒店投資與籌劃管理

主題酒店投資與籌劃是主題酒店系統工程中的第一個工程，這項工程進行的好壞直接影響到主題酒店開業後的經營與運作。儘管主題酒店投資與籌劃在主題酒店經營管理中有著極為特殊和重要的地位，並已被眾多主題酒店經營管理者所認識，但到目前為止，尚未見有對主題酒店投資與籌劃進行較系統的分析與闡述。本章對主題酒店投資可行性研究、主題酒店環境分析、主題酒店類型、規模與檔次分析、主題酒店籌建策劃進行了系統的闡釋，希望能為主題酒店投資者與經營管理者提供理論指導與借鑑。

第一節　主題酒店投資可行性研究

主題酒店投資可行性研究是主題酒店基本建設前期工作的重要組成部分，是對主題酒店某一建設項目在建設必要性、技術可行性、經濟合理性、實施可能性等方面進行綜合研究，推薦最佳方案，並為主題酒店建設項目的決策和設計任務書的編製、審批提供科學的依據。

一、主題酒店投資可行性研究的主要內容

主題酒店投資可行性研究的主要內容包括：
（1）主題酒店建設項目概況；
（2）開發項目用地的現場調查及動遷安置；
（3）主題酒店市場分析和建設規模的確定；
（4）主題酒店規劃設計影響和環境保護；
（5）資源供給；
（6）環境影響和環境保護；
（7）主題酒店項目開發組織機構管理費用的研究；
（8）主題酒店開發建設計劃；
（9）項目經濟及社會效益分析；
（10）結論及建議。

二、主題酒店投資可行性研究的階段與層次

按可行性研究的內容和深度，主題酒店投資可行性研究的階段與層次可分為：
第一階段：主題酒店投資機會研究。
第一階段的主要任務是對主題酒店投資項目或投資方向提出建議，即在一定的地區或區域內，以資源和市場的調查預測為基礎，尋找最有利的投資機會；投資機會研究相當粗略，主要依靠籠統的估計而不是依靠詳細的分析。該階段投資估算的精確度為±30%，研究費用一般占總投資的0.2%~0.8%。如果機會研究認為可行，就可以進行下一階段的工作。
第二階段：初步可行性研究。
初步可行性研究，亦稱「預可行性研究」。在機會研究的基礎上，進一步對主題酒

店項目建設的可能性與潛在效益進行論證分析。初步可行性研究階段投資估算精度可達±20%，研究費用約占總投資的 0.25%~1.5%。

第三階段：詳細可行性研究。

詳細可行性研究，即通常所說的可行性研究。詳細可行性研究是主題酒店開發建設項目投資決策的基礎，是分析項目在技術上、財務上、經濟上的可行性後做出投資可否的決策的關鍵步驟。這一階段對建設投資估算的精度在±10%，所需的研究費用，小型項目約占投資的 1.0%~3.0%，大型複雜的項目約占 0.2%~1.0%。

第四階段：主題酒店項目的評估和決策。

按照國家有關規定，對於大中型和限額以上的項目及重要的小型項目，必須經由有權審批單位委託有資格的諮詢評估單位就項目可行性研究報告進行評估論證。未經評估的建設項目，任何單位不準審批，更不準組織建設。

三、主題酒店可行性研究步驟

主題酒店可行性研究按 5 個步驟進行：

（1）接受委託；

（2）調查研究；

（3）方案選擇與優化；

（4）財務評價和效益分析；

（5）編製主題酒店可行性研究報告。

四、投資回報分析

投資回報分析也稱為收益分析，是投入與產出的分析，是主題酒店投資者最為關心的問題。投資回報分析包括投資額估算、投資回收期計劃、年營業額預算、效益分析等內容。分析方法有保守分析法與樂觀分析法兩種。

（一）投資額估算

投資額即投資建設主題酒店所需支付的成本。主要是初期開發成本（包括建造主題酒店、購買設施沒備以及進行主題酒店裝修等）和主題酒店的經營成本。初期開發成本還包括向所在社區提供基礎設施所需的設備，諸如公用事業設備，建設停車場和車庫，設圍牆等方面所需的成本。主題酒店類型、規模、檔次、地理位置不同，投資成本也不同。一般而言，投資者會花費總預測成本的10%~20%用於購買土地，50%~53%用於建設，13%~14%用於購買家具，13%~18%用於雜項費用。

(二）投資回收期計劃

投資回收期又稱還本期，是指某一個新建主題酒店方案，其投資總額以該主題酒店開業後的利潤來補償的時間。其值越小，主題酒店投資的經濟效益就越大，其計算公式如下：

投資回收期＝投資額／（每年的盈利＋稅金）

主題酒店應根據收益、費用分析來預測主題酒店的投資回收期，並制訂相應的實現計劃。投資回收期計劃為主題酒店確定了利潤目標和還本期限，對於主題酒店日後的經營具有較大的參考價值和指導意義。

（三）年營業額預算

營業額預算必須包括客房收入、餐飲收入、康樂收入及其他部門的收益，這些預算只有在對每年的住客率和客房價格進行估計之後才能進行。

（四）效益分析

效益分析又稱經濟評估，也就是主題酒店投資可行性分析，分析的是投資者從所投資的主題酒店經營活動中獲得的總收入與投入的總成本相比較是否有盈餘。目前主題酒店多數採用內在收益率（IRR）的方法來分析項目的可行性。收益率是一種根據投資所產生的回收率對資本預算決策進行評估的方法。

第二節　主題酒店環境分析

主題酒店的環境分析主要從其所處的區位和市場分析兩個方面開展討論。區位主要指主題酒店所處的地理位置、社區環境和自然條件與氣候等三個方面。市場分析則主要指競爭者研究、消費者市場研究及市場定位研究等。

一、區位分析

區位對於主題酒店的投資決策起著決定性的作用，它是指主題酒店所處的位置，以及該位置所處的社會、經濟、自然的環境或背景。這個位置包括宏觀位置、中觀位置和微觀位置。宏觀位置指主題酒店所處的城市或地區，中觀位置指主題酒店在該城市裡處在什麼區域位置，微觀位置是指主題酒店的左鄰右舍，即主題酒店所在的社區。區位分析主要包括以下幾個方面的內容：地理位置、社區環境、自然條件與氣候等。

（一）地理位置

地理位置與擬投資的主題酒店類型關係密切，主題酒店是處於旅遊景區、中心城市、工業區還是度假地都將影響主題酒店的投資類型，進而影響主題酒店的設施及服

務項目的設置。例如，當地理位置為度假地時，則投資的主題酒店多為度假型主題酒店，那麼該類型的主題酒店所配備的設施和提供的服務主要應以適應度假型的旅遊者為主。對於不同類型的度假地，如海邊度假地、森林度假地、草原度假地的主題酒店，其建築風格、建築材料及裝修風格也都會有較大的區別。

(二) 社區環境

主題酒店的位置和周圍環境的好壞對主題酒店的經營有極大的影響，周圍環境對客人是否有吸引力也將影響主題酒店的營業額。優美舒適的周邊環境、高品質的社區氛圍不僅能大大降低主題酒店的投資成本，還能增加主題酒店的市場吸引力。社區環境主要包括交通狀況，社區經濟、文化水準、居民素質與態度，民俗風情以及主題酒店周邊的環保及綠化情況。

1. 交通狀況

任何主題酒店都要受到交通的影響，交通方便與否，直接影響客人對主題酒店的選擇。商務主題酒店必須在市中心，機場主題酒店必須在機場附近，汽車主題酒店必須在公路旁等。因此，擬投資的主題酒店一定要選擇在交通發達、便利的地方，交通越發達，主題酒店的生意越興旺。

2. 社區經濟、文化水準、居民素質與態度

社區經濟、文化水準對於主題酒店的規模、檔次、等級具有重要的影響。不同經濟和文化水準區域的主題酒店，在設施設備配套、服務項目設置、規模以及檔次的選擇上都會有所區別。例如，地處北京的四星級主題酒店，它的軟硬件大都優於西部地區的四星級主題酒店；處於國際化大都市的主題酒店，其建築風格大都豪華氣派，而處於文化濃厚的歷史名城的主題酒店，其建築風格則更講求文化氣息。

除了社區經濟、文化水準會對主題酒店的建築風格、服務項目以及特色產生影響外，社區居民的素質與態度對於主題酒店的經營以及顧客對該主題酒店形象的形成也是至關重要的。當居民對於新建主題酒店有較高的熱情時，會大大降低主題酒店投資建設過程的難度。例如，主題酒店在舊房拆遷、市場調查時會獲得大量民眾的支持，從而保證工期的順利進行，倘若居民對新建主題酒店不支持甚至懷有敵意，則會出現拆遷難、調查難的現象，更有甚者還會出現破壞建設工程的現象。

3. 民俗風情

社區的民俗風情對於主題酒店的籌建與經營有著重要意義。利用社區的民俗風情來提高主題酒店對顧客的吸引力已成為時尚。主題酒店業主與經營者應將當地的民俗風情經過藝術化的處理與加工引入主題酒店的外觀設計、裝修（大堂、客房、餐廳等）、服務項目設置（如民俗歌舞表演、地方特色飲食、特色工藝品等）中，通過充分展示當地民俗風情來實現「人無我有」的投資策略和經營策略。

4. 環保與綠化

環保與綠化的投資對主題酒店業主來說需要大量的資金，由於目前環保方面的管制較小，因此主題酒店業主有可能會採取不負責的態度，花較少的資金投資於主題酒店的環保設備與綠化環境。社區的環保與綠化觀念對主題酒店的環保與綠化投資有較大的影響。在環保與綠化觀念強的社區裡投資主題酒店，有利於督促主題酒店的清潔建設、清潔生產和綠色經營，主題酒店在投資建設時會在污水處理管道、垃圾處理設備、節水節能設施設備等方面做更大的投資，同時對店內店外以及所屬的公共場所進行綠化和美化。當社區的環保意識較薄弱，社區的綠化水準較低時，主題酒店的吸引力也會大大降低。

（三）自然條件與氣候

自然條件與氣候是與主題酒店所處的地理位置密切相關的。自然條件與氣候不僅影響主題酒店類型的確定，而且也影響主題酒店建築材料、裝飾材料的選擇。例如，處於風景優美的山體度假區，則該主題酒店在風格、材料的設計上應與周圍環境相協調；海邊度假區則應考慮建築與裝飾材料的防腐蝕性；處於地震多發區的主題酒店應考慮其抗震度。不考慮社區自然條件與氣候，會大大提高主題酒店的投資成本，並給主題酒店今後的經營帶來不必要的損失。

二、市場分析

市場是有維度的，市場的規模與消費水準也是有限的，市場的供給與需求規模的大小決定了擬投資主題酒店的營業額與利潤額。因此，主題酒店的投資建設必須經過充分的市場分析與論證。市場分析與論證內容包括：

（一）競爭對手分析

主題酒店的競爭對手主要包括現實存在的主題酒店及替代性產品、新的市場進入者以及潛在的市場進入者。競爭對手分析是為確定和分析競爭者與互補者的地位及優勢所進行的研究。競爭對手的經營思想和理念、目標市場、住客率、日均房價、可利用率和服務的種類、設施的年限和運作狀況、人力資源狀況、市場份額和公司的從屬關係都是競爭對手分析的內容。通過競爭對手分析，可以使主題酒店投資者尋找到自身的優劣勢，並通過彰顯優勢、規避劣勢做好市場定位，並在市場定位的基礎上進行主題酒店產品設計與市場開發。每一個企業或組織都擁有一個價值網。價值網由組織的供給者、顧客以及競爭者和互補者組成。競爭觀念的改變使競爭者有時候會成為互補者，因此，主題酒店在投資時要客觀的看待競爭對手，具有長遠的發展戰略眼光，尋求能夠與競爭者合力創造市場的機遇。

（二）市場規模與消費水準分析

市場規模與消費水準對主題酒店規模與檔次的確定至關重要。一般來說，市場的規模越大、消費水準越高，則主題酒店的規模也就相對越大、檔次也就越高，但這也不是絕對的。市場規模與消費水準分析的考察指標主要有人流量、人均消費水準以及平均停留天數等。

1. 人流量

人流量的大小在一定程度上決定了市場規模的大小。酒店投資者在投資前應進行人流量的調查，通過對商務流、會議流、觀光流、度假流、探親流、當地客源流等人流量的調查來確定主題酒店所存區域的市場規模。這些調查資料可通過到主題酒店、景區以及各主要交通道路進行實地調查，向相關統計部門諮詢或是聘請專業的調查機構進行調查等渠道獲得。

2. 人均消費水準

市場消費水準的高低決定了擬投資主題酒店的檔次，主題酒店市場的消費水準可以用人均消費水準來反應。當市場消費水準較高時，主題酒店在裝修設計、設施設備配備以及服務項目的設置上則要求較高，投資的主題酒店應主要開發中高檔價位的產品；當市場的消費水準較低時，投資者在主題酒店檔次定位時則應側重於中低檔、經濟型產品，否則會出現市場與產品的錯位。目前主題酒店業出現的盲目追求高星級、超豪華現象，導致主題酒店客房入住率低，經營無法進行的現象比比皆是，這與沒有進行消費水準的調查有不可分割的聯繫。

3. 平均停留天數

遊客的平均停留天數決定了擬投資主題酒店的規模。平均停留天數越多，意味著消費規模越大，市場需求量越大，擬投資主題酒店的規模就可以相對大一些，反之，則應小一些。

（三）消費群體（市場）分析

主題酒店的消費群體根據其規模大小可分為目標消費群體、輔助消費群體和潛在消費群體。消費群體分析主要考察以下 4 個變量：人口屬性（包括年齡、性別、宗教、受教育程度、職業、家庭規模與結構等）、心理圖式變量（性格、社會階層及生活方式等）、購買行為變量（利益追求、購買動機、時機、頻率、品牌忠誠度等）以及地理環境變量（區域、氣候、地理環境等）。在以市場為導向的競爭年代，消費者的需求、行為特徵對於主題酒店經營的成功具有舉足輕重的作用。因此，擬投資的主題酒店應對消費群體進行分析，並根據自己的經營目標和資源能力，確認自己的目標市場，即主流消費群體、輔助消費市場和潛在的消費市場。

1. 目標消費群體

目標消費群體是主題酒店的主流消費群體，也是維持主題酒店經營發展的最重要

群體。主題酒店投資者應根據自己的資源、技術、能力和特長，選擇自己的主流消費群體，並為這些群體提供他們需要的產品或服務。目前許多主題酒店客房、餐廳、大堂的裝修風格，設施設備和服務項目的設置都根據目標消費群體的需要來確定。主題酒店目標消費群體的選擇可採取以下策略：

（1）無差異目標策略。以大眾化的需求為主，將整個市場的消費群體作為目標消費群體，以規模化、低成本為策略，在價格和便利上出新意、求特色，吸引各階層的消費者。

（2）差異性目標策略。以特色經營和差異性策略，以提供不同品位、不同層次、不同規格的產品來吸引和滿足不同類型的消費群體。

（3）集中性目標策略。在市場細分的基礎上，只選擇其中一個或少量細分市場作為目標市場，並充分滿足其特定的需求與服務。

2. 輔助消費群體

輔助消費群體指主題酒店必須拓展的消費群體，是主題酒店目標市場的重要和有益補充。由於主題酒店消費需求的多變性，主題酒店難以培養忠誠度較高的消費群體，因此主題酒店在注重目標市場培育的同時，還應開拓一些輔助性消費群體，作為主題酒店將來拓展的市場方向。隨著經濟的發展和人們消費觀念的轉變，主題酒店的消費群體在不同時期和階段也會不斷地變化。原來的輔助市場可能會變為主題酒店的目標市場，目標市場也會因形勢的變化成為輔助市場。

3. 潛在消費群體

潛在消費群體指具有潛在消費需求的群體。主題酒店可以通過瞭解潛在消費者的需求，開發適銷對路的產品或採取有效的市場行銷策略，引導消費來挖掘潛在消費群體，使潛在消費群體變成輔助消費群體甚至成為目標消費群體。

（四）市場定位

主題酒店市場定位是以消費者的需求和利益為出發點，充分考慮主題酒店目標市場的競爭形勢和主題酒店自身的優勢與特點，來確定主題酒店在目標市場中的地位，亦即主題酒店為使其產品在目標市場顧客心目中占據獨特的地位而做出的行銷策略。市場定位是在考察了競爭對手規模及主要產品、市場規模及消費需求特徵等要素的基礎上做出的。處於籌備期的新主題酒店主要依據主題酒店所屬的地理位置及投入營業後的設施、服務、經營理念與特點等自身富有競爭力的定位要素進行市場定位。新主題酒店的市場定位有以下幾個步驟：

（1）確定主題酒店的目標市場，進而研究目標市場顧客的需求和願望及他們的利益偏好。

（2）充分考慮競爭對手的優劣勢，發掘自身的競爭優勢，突出主題酒店自身與眾不同的特色。

（3）設計主題酒店的市場形象。酒店形象設計是指根據酒店主題文化和經營理念所表達的酒店的市場定位以及內在文化氣質，通過形象設計展現出來。

（4）通過各種行銷手段和宣傳媒體向目標市場有效而準確地傳播主題酒店的市場形象，使主題酒店形象深入顧客的心目中，從而確立主題酒店的競爭地位。

第三節　主題酒店類型與規模分析

一、主題酒店類型的確定

主題酒店類型分析是指主題酒店向市場提供何類產品、產品風格如何等產品理念問題。如同其他任何新產品一樣，如果市場中存在以下一種條件，那麼投資主題酒店就很可能成功。

（1）該產品現在不存在，但對該產品的潛在需求可能非常大；

（2）該產品存在，需求很大且競爭不太激烈；

（3）該產品存在，但目前需求不大，不過預計未來對它的需求會越來越大；

（4）該產品存在，但現存產品地處偏遠且設施設備的質量較差，管理不當。

除了考慮以上幾點外，主題酒店投資，需要遵循以下原則：

1. 主流市場（目標群體）原則

目標市場原則要求主題酒店應根據所要接待的主流客源市場的特點、喜好及對主題酒店產品的要求來進行主題酒店類型的確定，並決定所要提供的設施和服務的類型。例如，主題酒店以商務客人為目標市場，那麼主題酒店就應在建築風格、功能項目設置以及設施設備購置等方面來體現商務特色，滿足商務客人的需要。

2. 競爭對手缺失原則

競爭對手缺失原則是指目前市場上該產品還不存在，只要企業能夠提供這種產品，就會產生大量的消費人群。採用競爭對手缺失原則進行主題酒店類型的確定需要投資者具有較強的觀察力、敏感度和創新精神，善於發現日益變化的市場需求。以競爭對手缺失原則確定主題酒店類型能夠使主題酒店在創辦初期取得壟斷地位。國外出現的「監獄」主題酒店、「醫院」主題酒店、「出氣」主題酒店等一些極富個性化的主題酒店經營業績不斷上升就是最好的例子。競爭對手缺失原則的實質是要投資者創造新需求，成為市場的引領者，因為創造新需求的成功機會遠遠大於迎合需求的成功機會。

3. 潛在市場原則

潛在市場原則是通過發掘市場上未出現的新市場或是某一具有發展潛力的市場來確定主題酒店的類型。當主題酒店對競爭者的市場位置、消費者的實際需求和自己的

產品屬性等進行評估分析後，發現有市場存在縫隙或空白，而且這一縫隙或空白有足夠的消費者，則主題酒店針對這一縫隙或空白的消費者來確定投資的類型。另一種情況是指雖然該產品存在而且競爭很激烈，但預計未來它的需求會越來越大。主題酒店可通過開發滿足潛在市場群體需要的產品來獲得發展。這種主題酒店類型定位原則需要投資者具有長遠和善於發現市場機會的戰略眼光，通過適銷對路的產品來創造需求、引導需求。

二、主題酒店規模分析

主題酒店規模分析，即確定主題酒店的建築面積、客房數量、餐位數以及其他設施設備的規模。主題酒店作為一種固定資產投資，應具有一定的超前性和前瞻性，在規模確定的過程中除了應考察主題酒店現有的客源市場外，還應分析當地的經濟發展水準、客人需求的變化以及潛在客源市場的規模對主題酒店規模的影響。主題酒店規模對於主題酒店的經營與發展是十分重要的，科學合理的規模能使主題酒店在今後的經營中充分利用資源，避免因淡季過淡造成的設施設備和人員閒置和因旺季過旺而造成的設施設備和人員的超負荷運轉。主題酒店規模分析內容主要有：

（一）主題酒店的建築規模

主題酒店的建築規模主要是考慮主題酒店的建築面積、建築佈局、主體樓層高度、外圍輔助建築格局與規模、主題酒店建築風格、周圍環境公共區域規模以及景觀設計和綠化美化等。由於主題酒店建設的固定投資較大，且一旦確定就較難更改，因此主題酒店規模的確定必須具有一定的預見性和前瞻性。在建築風格的選擇上，應充分與當地的文化、地域特點、民俗風情相結合，同時為了節省開支應主要採用當地建築原料。

（二）功能項目規模

主題酒店的功能項目規模主要指主題酒店提供的房間類型、數量等客房規模，餐廳類型、廳面與廚房數量等餐廳規模以及娛樂項目與設施規模。

1. 客房規模

它包括樓層設置（標準樓層、豪華樓層、行政商務樓層等）、客房類別（標準客房、商務客房、無菸客房、豪華套房、度假套房等）、房間數量等方面的確定。

2. 餐廳規模

它包括餐廳的種類（中餐廳、大堂酒廊、咖啡廳、宴會廳、會議室以及西式餐廳等）、餐廳與廚房的數量和面積以及餐飲設施等方面的確定。

3. 娛樂項目與設施規模

它包括KTV/RTV包廂、健身中心、游泳池、棋牌室、桑拿、網球場、羽毛球場等

娛樂項目與設施的確定。主題酒店娛樂項目與設施規模的確定應根據主題酒店的類型來確定，不同類型主題酒店的娛樂項目與設施的規模檔次也不相同。

（三）主要設備規模

主題酒店主要設備的規模包括：供配電系統、給排水系統、供熱系統、制冷系統、通風系統、空調系統、通信系統、共用天線電視接收系統、音響系統、計算機管理控制系統、消防報警系統、閉路電視監視系統、垂直運送系統、廚房系統、洗衣系統、清潔清掃系統、辦公系統等方面的設備規模。主題酒店設備投資量大，一般要占全部固定資產投資的35%~55%。主題酒店設備前期規劃的好壞將決定90%以上的設備壽命週期費用，決定設備裝置的技術水準和系統功能，決定設備的實用性、可靠性和未來維修量。因此，主題酒店設備配置規劃方案應從主題酒店的整體利益出發，根據主題酒店的規模、檔次來規劃。規劃方案應包括設備的市場狀況和前景，設備與所需能源和原料的關係，設備的環境條件、技術方案、環境保護，對運行操作人員和管理人員的要求，設備投資方案的經濟評價、不確定分析、實施計劃以及可行性研究報告等。設備選擇應遵循適應性、安全可靠性、方便性、節能性、環保性、配合性的原則。

第四節　主題酒店籌建策劃

主題酒店籌建策劃是對主題酒店的籌劃、設計與建設進行策劃，撰寫籌建規劃方案說明書或規劃設計方案說明書。通常業主在決定主題酒店投資項目後，需要委託主題酒店專業人士或主題酒店經營管理者根據主題酒店的經營需要，提出籌建規劃方案說明或規劃設計方案說明，要求建築設計單位和裝修單位按照方案說明進行設計與裝修。

主題酒店籌建規劃方案說明書內容包括：空間規劃（設計）要求說明、功能項目規劃（設計）要求說明、環境氛圍規劃（設計）要求說明等。

一、空間規劃（設計）要求說明

空間規劃（設計）要求說明是根據業主或主題酒店經營者的意圖和擬投資主題酒店的類型對主題酒店的建築佈局和建築風格做出說明和要求。主題酒店建築一般有分散式、集中式和混合式三種佈局方式。

（一）分散式佈局

分散式佈局的特點是主題酒店各功能部門分別建造，單幢獨立，多為低層建築。由於各功能區分別獨立、互不干擾，主題酒店環境幽雅寧靜，但是客人和服務的動線

較長，能源消耗大，管理不便。它主要適用於郊區或景區主題酒店。

（二）集中式佈局

集中式佈局又分水準集中式、豎向集中式和水準與豎向相結合的集中式佈局。水準集中式是客房、公共區域、後勤和餐飲部分別各自相對集中建設，並且在水準方向互相連接的佈局方式。它適用於郊區和景區主題酒店。豎向集中式佈局是主題酒店的各功能區集中在一座建築物中豎向排布的形式，它適用於城市中心、基地較少的主題酒店。水準與豎向相結合的集中式佈局呈凸形狀，是高層建築帶裙房的佈局形式，這種佈局形式被國際上眾多城市主題酒店所採用。

（三）混合式佈局

混合式佈局是分散式與集中式相結合的佈局。在這種佈局形式中，常採用客房樓層分散、公共部分集中的方式，如高層主樓帶裙樓或別墅式的建築。在現代的高層主題酒店中，為了合理組織和充分利用豎向空間條件，要進行豎向功能分區。通常情況下，地下室用於安排車庫、庫房、員工更衣室、浴室、員工活動室。地下一層用作公共活動部分，如快餐廳、游泳池等。地下二層做設備（如機房）和後勤工作用房。低層公共活動部分（包括裙房）常安排各類餐廳及康樂設施等，大堂多設在一層。在低層與客房層之間常有設備層，以安排各種管道系統中的水準管道。客房層多安排在四層以上的豎向高層部分。高層主題酒店常常在頂層設置中餐廳、旋轉餐廳、觀光層、豪華套間等。頂部為設備用房，設置電梯機房、給水水箱等設備。

二、功能項目規劃（設計）要求說明

隨著需求的變化，主題酒店的功能項目和設施設備不斷發生改變，它們又都與主題酒店的建築及其佈局相輔相成。不同的功能要求主題酒店設計不同的功能區域，同時也就產生相應的功能區域規劃要求，如與住客功能相應的住宿設施項目規劃、與飲食功能相對應的餐廳和酒吧項目規劃、與娛樂功能相對應的娛樂場所項目規劃以及其他如交通功能、購物功能、商業服務功能等相配套的規劃項目，這些規劃項目必須體現「以人為本」的總原則，在總原則的指導下產生其他相關規劃要求，提高主題酒店職工的工作效率。

（一）功能區域規劃（設計）要求說明

功能區域是指主題酒店為了提供食、宿、行、遊、購、娛等功能性服務而為顧客提供客房、餐廳、商場、康樂休閒娛樂空間以及為保證職工順利地工作而提供的服務空間。主題酒店的功能區域是根據其所提供的功能來進行規劃設計的，其基本要求是要「以人為本」。對功能區域進行科學合理的空間分隔、設施設備配置以及工作流程的設計，使顧客享受到舒適的活動空間。主題酒店的功能區域按其對客服務的方式分為

一級功能區和二級功能區：一級功能區又稱為「前臺」服務區，是指為客人提供直接「面對面」服務的區域，該區域是主題酒店的形象區，因此，在規劃過程中除了要考慮滿足客人的需求和方便員工服務操作之外，還要按照形象區的要求來進行裝修設計，提高主題酒店的吸引力；二級功能區又稱為「後臺」服務區，是主題酒店後勤人員工作的主要場所，其規劃設計要方便員工的操作，減輕職工的疲勞度，創造舒適、整潔的工作環境，提高員工的工作效率。

不同的功能區域向顧客提供不同功能的服務，它對於空間、高度、面積、裝飾及風格的要求不一，因此，主題酒店功能區域規劃（設計）應遵循獨立、不相互干擾原則和科學、合理、便於管理原則。獨立、不相互干擾原則要求主題酒店各功能區域設計時要有隔離設施，功能區與功能區之間不能產生噪聲、震動等方面的影響。獨立互不干擾的工作空間能夠使員工明確自己的工作職責，避免互相推諉、責任不清等現象的發生。科學、合理、便於管理原則要求主題酒店各功能區域設計既要滿足客人消費需要、方便員工操作，同時也要便於管理。

（二）主要項目規劃（設計）要求說明

1. 大堂規劃（設計）要求說明

大堂是主題酒店的「門廳」，主要包括入口大門區、總服務臺、休息區、咖啡廳、酒吧、商場、美容美髮室以及樓梯、電梯、公共衛生間等區域。大堂規劃（設計）要求說明主要包括空間、面積、裝飾以及風格等幾個方面的內容。

（1）大堂空間

大堂空間可分為服務空間、客人流動空間和休息空間。服務空間根據服務功能的需要可大可小；客人流動空間要求面積較大，以便人流暢通無阻；休息空間設在流動空間附近，供客人作短暫的停留，休息空間與流動空間應有明顯的分隔區間，但為了實現動靜分明的空間共享效果，隔離帶應做到「漏而不通」。大堂空間佈局應做到人流路線清晰、服務區分明，充分、經濟地利用大堂有限的空間。無錫波羅蜜多酒店大堂最裡面依山勢而借景，透過巨大的落地玻璃窗，顧客恍若置身室外，與大自然親密接觸，實現了景深的無限延展。這樣的景觀設計不僅延展了大堂的視覺空間感，而且具有東方美學的創意思維（見圖8-1）。

（2）大堂面積

大堂是主題酒店主要流通場所，是客人非正式的聚集地點，也是主題酒店最主要的公共區域，其面積的設計要考慮客流量和主題酒店星級等因素，以便能適應主題酒店的接待能力。大堂面積應視主題酒店等級和規模（客房數）而定，國際上一般大於0.9平方米/間客房，中國國家旅遊局星級評定標準要求大於0.8平方米/間客房。

（3）大堂裝飾

大堂裝飾主要包括大堂裝飾用材（如地面、牆面、柱面以及各種裝飾材料）、採

圖 8-1　無錫波羅蜜多酒店大堂

光、裝飾小品等。大堂的地面裝飾用材大多採用花崗石而不採用大理石，因為花崗石質地更加堅硬。大堂的裝飾應根據風格來定，利用燈光、裝飾材料、工藝美術品、綠色植物以及其他硬質裝飾材料與軟質裝飾材料的共同配合來使大堂裝飾更具文化氣息，體現主題酒店特色。無錫波羅蜜多酒店大堂有面牆的裝飾可謂匠心獨運，將該酒店的禪文化主題巧妙而含蓄地表現出來（見圖 8-2）。

圖 8-2　無錫波羅蜜多酒店大堂

（4）大堂風格

不同國家、不同地區、不同星級的主題酒店應有不同的風格基調，使客人可以從中閱讀和領略其中的風土人情和情趣。主題酒店大堂或金碧輝煌、豪華氣派，或清新淡雅、樸素自然，或色彩鮮明、文韻獨特，不同的風格要求不同的裝飾材料、設施設備、色彩與其相配套。在大堂風格基調的把握上，色彩的選擇是極其重要的，主題酒店應有自己的主色調，可以根據自身的經營特點以及客源需求來確定大堂的主色調。大堂風格設計上應突出所要表達的主題，並通過裝飾材料、燈光、工藝美術品、綠色植物、色彩等使其更加突顯出來。

2. 客房規劃（設計）要求說明

（1）客房類型與檔次

客房類型與檔次應根據主題酒店的客源市場調查結果、主題酒店的市場定位、主流客源市場的消費水準、主題酒店的規模檔次來確定。客房的房型種類、規格要多並各具特色，同一類型的客房應有不同的檔次、規格與標準。例如，套房應有豪華套房、商務套房、普通套房等。同一檔次、標準的客房應有不同的房型。不同房型、檔次的客房數量應根據主流客源市場、輔助客源市場以及潛在客源市場的規模來確定，例如，主題酒店主體目標市場是高級商務客人，則高級、豪華的商務套房、商務標房數量就應該適當增加，而對於以中低檔經濟型青年旅客為主要目標市場的青年旅館，則其普通標房、三人房等經濟型客房數量就要增多。

（2）客房風格

客房風格是客房內有形物件與無形文化組合而體現出的一種氛圍。客房風格的形成因素包括客房主題文化、燈光照明、物品陳設、牆上飾物、室內結構與設施、室內裝修、整體感覺以及所有其他促使顧客對客房形成印象的物品。客房風格的設計應以市場需求為導向，同時融入地方文化與主題酒店的企業文化。在設計理念上要打破傳統觀念，要敢於創新、標新立異，形成自己的客房風格。例如，客房的床頭櫃能否由方的改成圓的，以免碰傷客人；衛生間的浴缸既然沒有人泡浴能不能撤除，改為擋板沐浴；房內燈光照明能否採用一個總控制開關，要在床頭櫃上讓客人隨手可觸等，見圖 8-3、圖 8-4。

圖 8-3　普陀山雷迪森莊園客房

圖 8-4　波羅蜜多酒店客房

3. 娛樂休閒場所規劃（設計）要求說明

主題酒店的娛樂休閒場所主要包括舞廳、卡拉 OK 廳、美容美髮廳、桑拿浴室、健身娛樂中心（保齡球館、網球館、桌球館、游泳館）等。娛樂休閒場所的規劃設計要請專業人員提出規劃（設計）要求，並充分考慮經營管理者的意見和建議。規劃設計時要注重設施設備的專業化和環境氛圍的舒適化，要重視設施設備使用的安全性和方便性，見圖 8-5。

圖 8-5　波羅蜜多酒店游泳館

三、環境氛圍規劃（設計）要求說明

主題酒店環境氛圍的設計塑造與主題酒店的所有內容相關，大到主題酒店的整個建築，小到客房或餐廳的一個小飾物，它要求規劃設計者既要有全局戰略眼光，又能做到細緻入微。主題酒店環境氛圍的設計塑造要包括主題文化、色調、裝飾用材、燈光照明以及綠化等方面的規劃設計。

（一）主題文化選擇與設計要求說明

主題文化是主題酒店特色與風格的精髓與靈魂，它通過主題酒店的建築外形、裝飾風格以及裝飾物品得以體現與展示。主題酒店主題文化的選擇與設計與主題酒店的類型、特色、所在地區或社區的風情民俗、主題酒店所屬企業的企業文化等因素有關。主題酒店主題文化的選擇與設計是一件困難的事情，需要投資者、經營者、主題酒店專家和規劃設計人員的共同商定。例如，投資者要在著名風景旅遊區崇武古城建一座主題酒店，經營者與主題酒店專家認為該主題酒店的主題文化應體現出濱海地域特色和古城風貌，展現惠女民俗風情和中國南方石雕藝術。規劃設計單位就應該根據這個思想和理念來設計，通過建築風俗、建築材料、裝飾材料、裝飾物品等來體現這個主題。如果投資者或經營者沒有對主題酒店的主題文化提出要求說明，那麼規劃設計單位可能就會按照常規的方式與標準來進行規劃設計。

（二）色調設計要求說明

CIS 的形象設計中對於色調的要求十分講究，因為搭配合理的色調會給人一種舒適感，雜亂無章的色調容易使人產生疲勞。主題酒店的色調由主色調和輔助色調（或稱補充色調）組成，不同的場所有不同的色調要求，同一場所在主色調與輔助色調的選擇上也會有所不同。因此投資方或經營者應根據自己的需要和認識向規劃設計單位提

出主題酒店的主色調要求，以便規劃設計單位根據主色調來選擇輔助色調。

(三) 裝飾用材要求說明

裝飾用材的選擇應根據主題酒店所處的地域特點、氣候條件、主題酒店類型、所確定的主題文化以及投資者的經濟實力來進行綜合考慮，規劃設計時應突出裝飾用材的適用性、經濟性、美觀性，並盡可能遵循材料本地化原則，見圖 8-6。

圖 8-6　廣州長隆酒店大堂吧石材裝飾隨處可見

(四) 燈光照明要求說明

燈光照明對於主題酒店主題文化、環境氛圍的塑造起著非常重要的作用。主題酒店不同功能區對燈光照明的要求不同，燈光的明亮程度取決於經營者要營造的氣氛。主題酒店經營者應根據經營的需要提出各個功能區域的燈光照明要求，對某個區域需要多少光線以及何種光線、採用直接照射型燈光還是間接照射型燈光等問題進行詳細的說明，見圖 8-7。

(五) 綠化規劃要求說明

主題酒店的綠化規劃設計包括主題酒店內部環境的綠化規劃設計和主題酒店外部公共區域的綠化規劃設計，酒店經營者應根據經營的需要，對酒店的綠化規劃設計提出要求與說明。主題酒店內部環境的綠化規劃設計要求包括指明綠化的區域或位置、綠色植物的品種與大小等；主題酒店外部公共區域的綠化規劃設計要求則要指出綠化的區域與面積、綠化的形式（植物、草地、盆景還是花卉）等。

(六) 藝術品、指示牌要求說明

藝術品是指用於主題酒店裝飾的各種工藝品和美術品，它大到主題酒店大堂的巨型浮雕畫，小到客房裡的筆筒。藝術品作為主題酒店裝飾的主要材料，用於體現主題酒店所要展示的文化、主題與特色。主題酒店投資者或經營者應根據主題酒店的類型、特色和經營的需要，對主題酒店藝術品的規劃設計做出要求和說明。告訴規劃設計單位設計時在什麼區域使用什麼樣的風格、大小、形式的藝術品等，規劃設計要求說明

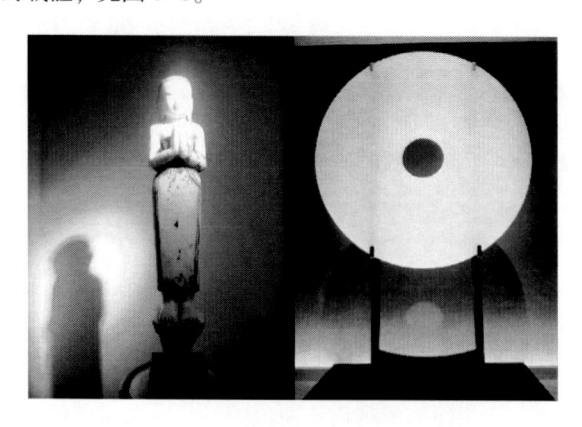

图 8-7 波罗蜜多酒店餐厅灯饰设计

变被动为主动,将主题酒店所需要的艺术品事先进行说明,让规划单位有的放矢。指示牌是指那些标明主题酒店各个区域地理位置的牌子,规划设计时应根据主题酒店的实际情况设计不同材料(木质、石质、钢质、玻璃等)、不同形状(方形、圆形、长方形、不规则的形状)、不同大小的指示牌。指示牌除了应正确清晰外,还应讲究美观大方,其材料、形状、色彩以及大小应根据主题酒店不同的功能区域而定,通过主题酒店指示牌的设计,使原本并不醒目的指示牌能成为主题酒店的装饰品,成为体现主题酒店特色与文化的载体,见图 8-8。

图 8-8 三亚太阳湾柏悦酒店艺术品装饰

案例　杭州法雲安縵的前世今生

　　杭州法雲安縵位於西湖西側竹林密布、草木青翠的天竺古村落另一側——北高峰之麓，毗鄰靈隱寺和永福寺，距杭州市中心 20 分鐘車程。它是全球頂級小型精品度假村集團阿曼集團在中國管理的第二家酒店，於 2010 年 3 月份正式開業。酒店包括周圍 22 個茶園在內，占地面積共計 14 公頃。裡面共有 47 處居所（其中客房 42 套），始建於唐朝，曾為附近茶園村民居所。整個法雲安縵的設計概念為「18 世紀的中國村落」，盡量保持了杭州原始村落的木頭及磚瓦結構，甚至服務員的制服都使用了與村落極為合拍的土黃色。所有房子用傳統工藝進行修繕，磚牆瓦頂，輔以土木結構，屋內走道和地板均為石材鋪置，宛如傳統中國村落的縮影。

圖 8-9　杭州法雲安縵外景

　　酒店的所有客房（庭院住宅）和配套設施如餐廳、茶室、精品店、水療中心、法雲舍等均由酒店 600 米長的沿溪主幹道——法雲徑連接。酒店有 47 棟獨立的院落，每個院落都在門簾處標有自己的名字：樂陶、清泉、芳蘭、逍遙、若水療、吟香閣、法雲舍……除一般的酒店住宿、餐飲、運動、康體等服務外，住客還可以讓酒店安排參與隔壁寺院的佛寺早課，進行禪修。

　　酒店的生態環境非常好，東側有一條小溪由南而北緩緩流過，周圍自然植物品種豐富，有茶樹林、翠竹和當地的一些樹種，如清香宜人的桂花、玉蘭、樟樹、七葉楓、野無花果、水曲柳和楊梅等。走進其中，如同進入一個山村鄉野世界。

　　杭州法雲安縵酒店其實位於道濟古村，也就是今日的法雲古村，藏在杭州西湖西側的山谷之間，距離靈隱寺與杭州佛學院不過一步之遙。作為杭州民居的代表，道濟已經有一千多年的歷史了，作為杭州最早的民居聚居區之一，相傳古村最深處的錢源就是杭州最早的縣衙所在地。這裡保留了頗具歷史藝術價值的西湖傳統山地民居建築，

這些建築多建於民國時期。

道濟古村曾經是香菸縈繞的佛門聖地，是最接近「紅塵」的地方，當年山上布滿南朝三百六十寺時，道濟就已人聲鼎沸。在村民搬遷之前，這裡是茶農的居所。有七大寺廟蜿蜒圍繞在古村周圍，為這裡籠上了一層禪意與香火的氣息。

事實上在東漢、三國、兩晉與南北朝時期，中國曾掀起過一股寺廟修建的高潮，當時很多有錢人「舍宅為寺」，這樣的寺廟被稱為「宅院型寺廟」，想來當年的道濟古村周圍也有類似的寺院，只是滄海桑田，許多寺廟被毀，逐漸重新成為民居，唯獨留下了如今的七座古寺。

其中東晉時印度惠理法師初來東土傳法時留下的四座寺院（靈隱、靈順、永福、上天竺）都有1,600年以上的歷史，那是杭州作為佛國的開始。

古村中的民居大多是兩層坡頂的建築，黃泥、秸稈夯築的土牆，上覆層層棕片；石砌房基牆的外圍，扦插花木作籬。由於過去雜居村民的房型不同，修繕的時候還特意去找了泥牆材料與專門的匠人將其修繕。泥牆用泥和稻草混合，中間還要混合糯米以增加黏性，這種古老的修葺方法，能使用的工人最年輕的也要60歲了。

設計師 Jaya Ibrahim 說：「這個村子已經很美了，所以我要做的，只是盡量保持它原來的樣子。」法雲安縵的設計概念為「18世紀的中國村落」「保持原生態山野趣味的西湖山地自然村落」。

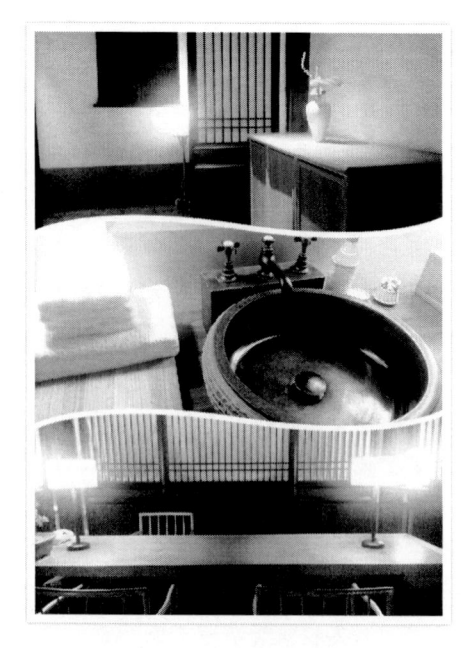

圖 8-10　杭州法雲安縵客房

後　記

在21世紀，文化產業的發展被提升到前所未有的高度。在這種背景下，酒店業的競爭也越來越趨向一種高質量的深度競爭，這就是文化競爭。制度、文化和人性化的全面結合是未來酒店業競爭的一種趨勢。主題酒店正是21世紀文化產業發展的產物，是酒店業競爭的必然結果。主題酒店從創建開始就注重主題文化的營造。從設計、建造、裝修到經營、管理、服務都注重酒店獨特的文化內涵，突出文化品位，形成酒店的個性，從而在市場上形成鮮明的文化主題形象。主題酒店的面世，標誌著中國酒店業市場進入新的發展階段，凸顯了酒店設計與管理理念的一次飛躍，是對傳統的千篇一律的酒店包裝形式和經營模式的一次革命性的顛覆。在中國，越來越多的酒店正在加入主題酒店的行列，以期通過獨特的文化競爭實現酒店的可持續發展。

主題酒店在國外已有近60年的發展歷史了，是國際酒店業發展的新趨勢。自從第一家主題酒店在中國落戶以來，國內主題酒店便快速發展起來。作為一種正在興起的酒店發展業態，主題酒店雖然屬於新鮮事物，但從國內外酒店經營情況來看，其經營狀況均好於其他酒店。正因如此，主題酒店在中國蓬勃發展。據不完全統計，目前中國已有2,000多家主題酒店，較五年前增加了5倍，且發展態勢良好。由於政府的引導、支持和民間力量的大力回應，浙江省和四川省主題酒店發展較為集中，湧現了西藏飯店、京川賓館、樂山禪驛度假酒店、雷迪森莊園、第一世界大酒店、安吉君瀾度假酒店等一批知名品牌。2014年，成都市就提出創建「中國主題酒店之都」；2016年，成都旅遊飯店協會成立了「成都主題酒店之都促進會」，以集中力量推動成都主題酒店的建設和發展。浙江省特色主題酒店的創建工作則可追溯到2009年，在浙江省飯店發展論壇上，「以文化提升品質——全面推進浙江飯店業特色文化主題建設」的專題演講，讓浙江省開啟了建設主題酒店的新紀元。從2013年到2016年，浙江省共評出48家特色主題飯店，為全國酒店業發展樹立了標杆。北京、山東、雲南等省市也不甘落後，正在形成新一輪的創建熱潮。截至2016年第三季度末，全國共有星級酒店12,619家，加上各類非標住宿業態，總計近30萬家。可見主題酒店創意需求令人期待，其未來的發展空間及市場潛力無限。

但是，中國主題酒店的發展大多仍停留在學習和借鑑國外酒店上。很多酒店是單純的模仿，還停留在概念和表象基礎上，形似而神不似，僅僅停留在膚淺的外化形式上；有些主題酒店發展到一定程度，出現了瓶頸，無法突破現有狀況，對未來的發展

感到迷茫。更多的酒店（尤其是經濟型的小酒店）對主題酒店趨之若鶩，但只在局部裝飾上「玩主題」，似乎想借助大眾對文化的青睞提升酒店的名氣，其實卻名不副實。事實上，我們不能簡單地責怪這些酒店，因為主題酒店無論是對理論界還是實務界都是一個新的、時尚而又陌生的領域，大家都在摸索中。

　　本書是在 2010 年初版基礎上的修編。希望本書的出版，能對主題酒店創意與管理解疑釋惑，能為主題酒店的發展貢獻微薄之力。這本書對於酒店設計創意、主題酒店管理提供了較系統的指導，每章配有案例，這些案例的研究對象都是近年來在行業市場發展上具有風向標意義、經營管理成功的品牌酒店。本書不僅是高校旅遊管理專業本科生、專科生、研究生的學習用書，也可為酒店設計師、酒店籌劃投資人及主題酒店研究學者們從事相關工作提供借鑑。

　　本書汲取了大量專家學者的觀點和行業實踐者的智慧，沒有他們的研究累積和成功經驗，這本書難以完成。在此，對所有主題酒店研究學者、經理人及本書參考資料的作者表示由衷的感謝。

　　在本書寫作過程中，馬碩言、呂函霏、宋鵬、汪穎、蘇燕、曾玲、王若嬋、盛偉、張恩瑋等研究生參與了資料的收集、分析與整理工作，在此，表示衷心的感謝。

　　本書圖片大多來編者現場拍攝，個別來自網絡。在此，對提供拍攝方便的單位及網絡圖片作者表示感謝。

　　由於編者水準有限，書中難免有失誤之處，還請專家及讀者們提出寶貴意見和建議。

　　酒店業已進入高度競爭的時代，大浪淘沙，沒有創新、缺乏文化的酒店將會湮沒在沙礫中，而那些具有深厚文化內涵、經營管理得法的酒店將如暗夜裡的明珠熠熠生輝。所以，酒店只有堅持創新，才能持續發展。主題酒店是酒店業市場創新發展的必由之路。

　　讓我們為中國主題酒店的發展一起努力。

肖　曉

國家圖書館出版品預行編目（CIP）資料

主題酒店創意與管理(第二版) / 肖曉 編著. -- 第二版.
-- 臺北市：崧博出版：崧燁文化發行, 2019.04
　　面； 公分
POD版

ISBN 978-957-735-782-3(平裝)

1.旅館業管理

489.2　　　　　　　　　　　　108005446

書　　名：主題酒店創意與管理(第二版)
作　　者：肖曉 編著
發 行 人：黃振庭
出 版 者：崧博出版事業有限公司
發 行 者：崧燁文化事業有限公司
E-mail：sonbookservice@gmail.com
粉 絲 頁：　　　　網　址：
地　　址：台北市中正區重慶南路一段六十一號八樓 815 室
8F.-815, No.61, Sec. 1, Chongqing S. Rd., Zhongzheng
Dist., Taipei City 100, Taiwan (R.O.C.)
電　　話：(02)2370-3310　傳　真：(02) 2370-3210
總 經 銷：紅螞蟻圖書有限公司
地　　址：台北市內湖區舊宗路二段 121 巷 19 號
電　　話：02-2795-3656　傳真：02-2795-4100　網址：
印　　刷：京峯彩色印刷有限公司（京峰數位）

本書版權為西南財經大學出版社所有授權崧博出版事業股份有限公司獨家發行電子書及繁體書繁體字版。若有其他相關權利及授權需求請與本公司聯繫。

定　　價：350 元
發行日期：2019 年 04 月第二版

◎ 本書以 POD 印製發行